CHOUSHUI XUNENG DIANZHAN TONGYONG SHEBEI

抽水蓄能电站通用设备

水力机械分册

国网新源控股有限公司 组编

为进一步提升抽水蓄能电站标准化建设水平，深入总结工程建设管理经验，提高工程建设质量和管理效益，国网新源控股有限公司组织有关研究机构、设计单位和专家，在充分调研、精心设计、反复论证的基础上，编制完成了《抽水蓄能电站通用设备》系列丛书，本丛书共7个分册。

本书为《水力机械分册》，主要内容有6章，分别为概述、编制依据、水泵水轮机、调速系统、进水阀、水力机械辅助设备等内容。

本丛书适合抽水蓄能电站设计、建设、运维等有关技术人员阅读使用，其他相关人员可供参考。

图书在版编目（CIP）数据

抽水蓄能电站通用设备．水力机械分册／国网新源控股有限公司组编．—北京：中国电力出版社，2020.7

ISBN 978-7-5198-4184-3

Ⅰ．①抽… Ⅱ．①国… Ⅲ．①抽水蓄能水电站－工程施工 Ⅳ．①TV743

中国版本图书馆CIP数据核字（2019）第070288号

出版发行：中国电力出版社
地　　址：北京市东城区北京站西街19号
邮政编码：100005
网　　址：http://www.cepp.sgcc.com.cn
责任编辑：孙建英（010-63412369）　曹　慧
责任校对：黄　蓓　常燕昆
装帧设计：赵姗姗
责任印制：吴　迪

印　　刷：三河市百盛印装有限公司
版　　次：2020年7月第一版
印　　次：2020年7月北京第一次印刷
开　　本：787毫米×1092毫米　横16开本
印　　张：3.25
字　　数：100千字
印　　数：0001—1000册
定　　价：28.00元

编　委　会

前　　言

抽水蓄能电站运行灵活、反应快速，是电力系统中具有调峰、填谷、调频、调相、备用和黑启动等多种功能的特殊电源，是目前最具经济性的大规模储能设施。随着我国经济社会的发展，电力系统规模不断扩大，用电负荷和峰谷差持续加大，电力用户对供电质量要求不断提高，随机性、间歇性新能源大规模开发，对抽水蓄能电站发展提出了更高要求。2014 年国家发展改革委下发“关于促进抽水蓄能电站健康有序发展有关问题的意见”，确定“到 2025 年，全国抽水蓄能电站总装机容量达到约 1 亿 kW，占全国电力总装机的比重达到 4%左右”的发展目标。

抽水蓄能电站建设规模持续扩大，大力研究和推广抽水蓄能电站标准化设计，是适应抽水蓄能电站快速发展的客观需要。国网新源控股有限公司作为全球最大的调峰调频专业运营公司，承担着保障电网安全、稳定、经济、清洁运行的基本使命，经过多年的工程建设实践，积累了丰富的抽水蓄能电站建设管理经验。为进一步提升抽水蓄能电站标准化建设水平，深入总结工程建设管理经验，提高工程建设质量和管理效益，国网新源控股有限公司组织有关研究机构、设计单位和专家，在充分调研、精心设计、反复论证的基础上，编制完成了《抽水蓄能电站通用设备》系列丛书，包括水力机械、电气、金属结构、控制保护与通信、供暖通风、消防及电缆选型七个分册。

本通用设备坚持“安全可靠、技术先进、保护环境、投资合理、标准统一、运行高效”的设计原则，采用模块化设计手段，追求统一性与可靠性、先进性、经济性、适应性和灵活性的协调统一。该书凝聚了抽水蓄能行业诸多专家和广大工程技术人员的心血和智慧，是公司推行抽水蓄能电站标准化建设的又一重要成果。希望本书的出版和应用，能有力促进和提升我国抽水蓄能电站建设发展，为保障电力供应、服务经济社会发展做出积极的贡献。

由于编者水平有限，不妥之处在所难免，敬请读者批评指正。

编者

2019 年 12 月

前言

目　录

第1章 概 述

1.1 主要内容

抽水蓄能电站工程通用设计及通用设备是国家电网有限公司标准化建设成果的有机组成部分，为进一步加强国网新源控股有限公司下属抽水蓄能电站工程设计管理，规范抽水蓄能电站设计理念、方法，促进技术创新，逐步推进设备标准化设计，深入贯彻国家电网有限公司全寿命周期管理理念，全面提高工程设计质量，根据国网新源控股有限公司《抽水蓄能电站通用设备、通用设计工作部署会会议纪要》的要求，开展通用设备、通用设计工作，其中《抽水蓄能电站通用设备》分为水力机械分册、电气分册、电缆选型分册、控制保护与通信分册、金属结构分册、供暖通风分册、消防分册7个分册。本书为水力机械分册。

水力机械分册内容包括水泵水轮机、调速系统、进水阀、水力机械辅助设备，其中水力机械辅助设备包含技术供水系统、排水系统、油系统、压缩空气系统、水力监视测量系统。

1.2 编制原则

通过对国内已建抽水蓄能电站设备技术条件的收集整理，结合当前设备制造水平及发展趋势，合理确定抽水蓄能电站机电设备技术参数和技术要求，形成抽水蓄能通用设备技术规范。遵循国家电网有限公司通用设备设计的原则，编制的《抽水蓄能电站通用设备》（水力机械分册）要求安全可靠、环保节约，技术先进、标准统一，提高效率、合理造价，努力做到可靠性、统一性、经济性、先进性的协调统一。

第2章 编 制 依 据

2.1 设计依据性文件

（1）现行相关国家标准、规程、规范，电力行业标准和国家政策。

（2）国家电网有限公司颁布的有关企业标准、技术导则等。

（3）本通用设计遵守的规程、规范、规定及有关技术文件为最新颁布的标准及最新的《中华人民共和国工程建设标准强制性条文 电力工程部分》。

2.2 主要设计标准与规程规范

GB 150.1—2011 压力容器 第1部分：通用要求

GB 150.2—2011 压力容器 第2部分：材料

GB 150.3—2011 压力容器 第3部分：设计

GB 150.4—2011 压力容器 第4部分：制造、检验和验收

GB/T 2816—2014 井用潜水泵

GB/T 2818—2014 井用潜水异步电动机

GB/T 2900.45—2006 电工术语 水电站水力机械设备

GB/T 5656—2008 离心泵技术条件（Ⅱ类）

GB/T 7894—2009 水轮发电机基本技术条件

GB/T 9652.1—2007 水轮机控制系统技术条件

GB/T 9652.2—2007 水轮机控制系统试验

GB/T 10969—2008 水轮机、蓄能泵和水泵水轮机通流部件技术条件

GB 11120—2011 涡轮机油

GB/T 11348.5—2008 旋转机械转轴径向振动的测量和评定 第5部分：水力发电厂和泵站机组

GB/T 13277.1—2008 压缩空气 第1部分：污染物净化等级

GB/T 14478—2012 大中型水轮机进水阀门基本技术条件

GB/T 15468—2006 水轮机基本技术条件

GB/T 15469.1—2008 水轮机、蓄能泵和水泵水轮机空蚀评定 第1部分：反击式水轮机的空蚀评定

GB/T 15469.2—2007　水轮机、蓄能泵和水泵水轮机空蚀评定　第2部分：蓄能泵和水泵水轮机的空蚀评定

GB/T 15613.1—2008　水轮机、蓄能泵和水泵水轮机模型验收试验　第1部分：通用规定

GB/T 15613.2—2008　水轮机、蓄能泵和水泵水轮机模型验收试验　第2部分：常规水力性能试验

GB/T 15613.3—2008　水轮机、蓄能泵和水泵水轮机模型验收试验　第3部分：辅助性能试验

GB/T 16907—2014　离心泵技术条件（Ⅰ类）

GB 19153—2019　容积式空气压缩机能效限定值及能效等级

GB/T 20043—2005　水轮机、蓄能泵和水泵水轮机水力性能现场验收试验规程

GB/T 20834—2014　发电电动机基本技术条件

GB/T 22581—2008　混流式水泵水轮机基本技术条件

GB/T 28572—2012　大中型水轮机进水阀系列

DL/T 521—2018　真空净油机验收及使用维护导则

DL/T 563—2016　水轮机电液调节系统及装置技术规程

DL/T 1549—2016　可逆式水泵水轮机调节系统技术条件

DL/T 5186—2004　水力发电厂机电设计规范

JB/T 1270—2014　水轮机、水轮发电机大轴锻件技术条件

JB/T 7349—2014　水轮机不锈钢叶片铸件

JB/T 10264—2014　混流式水轮机焊接转轮上冠、下环铸件

NB/T 10072—2018　抽水蓄能电站设计规范

NB/T 10135—2019　大中型水轮机基本技术规范

NB/T 35035—2014　水力发电厂水力机械辅助设备系统设计技术规定

第3章　水泵水轮机

3.1　设备选型原则

水泵水轮机选型包括机型选择及单机容量选择等。

3.1.1　机型选择

抽水蓄能电站水泵水轮机的机型选择时，应考虑电站水头（扬程）、运行特点及设计制造水平等因素，要求机组长期安全稳定运行、综合效率高。

水泵水轮机可采用的机型有：串联（三元）机组、多级式水泵水轮机、单级式水泵水轮机。

根据 DL/T 5208—2005《抽水蓄能电站设计导则》规定，水头/扬程在100～800m时，宜选择单级混流可逆式水泵水轮机。单级混流式水泵水轮机具有适用范围宽、结构简单、造价低、运行维护方便等优点，在国内外得到了广泛应用。当电站工作水头低于100m时，可选择混流式、斜流式、轴流式、贯流式水泵水轮机。一般低水头抽水蓄能电站机组单机容量小，机组尺寸相对较大，经济性较差。工作水头在800m以上的电站可选择多级式水泵水轮机或串联（三元）机组，但机组结构相对复杂、机组造价较高、土建投资大。

我国幅员辽阔、电网容量大，可选择的抽水蓄能电站站址多，作为电力系统调峰填谷手段的抽水蓄能电站建设要充分考虑经济性，一般选择单级混流式水泵水轮机机型。随着抽水蓄能机组设计制造技术的发展，单级混流式水泵水轮机的单机容量和工作水头得到了较大的提升，高水头、大容量和高转速机组的经济性得到充分发挥。我国已建和在建的抽水蓄能电站水泵水轮机机型以单级混流式水泵水轮机为主，本书主要以单级混流式水泵水轮机进行编制。

3.1.2　单机容量

目前世界抽水蓄能机组最大单机容量已达500MW，国内在建抽水蓄能电站机组单机容量达400MW。抽水蓄能电站单机机容量需按电站装机容量动能经济比较、机组台数比选等综合分析后确定。根据国内目前已建和在建的抽水蓄能电站情况，本书主要对单机容量为250、300、350、375MW等进行描述。

3.1.3　水泵水轮机主要技术参数选择原则

水泵水轮机的主要技术参数有额定水头、比转速和额定转速、吸出高度和

安装高程、效率、水轮机输出功率/水泵输入功率等。

3.1.3.1　额定水头

抽水蓄能机组的额定水头选择应根据电站的特征水头、机组特性、电站运行方式、电力电量平衡以及抽水、发电工况容量平衡等综合分析确定，还应考虑水头/扬程变幅，机组运行稳定性和效率。合理选择水轮机工况额定水头需综合考虑以下方面：

（1）电站的运行条件和电网运行调度对于机组运行性能的要求。

（2）水泵水轮机在其全部运行范围能够稳定运行。包括水轮机工况低水头稳定并网和部分负荷条件下的稳定运行；水泵工况在高扬程区的稳定运行，不产生回流现象。

（3）在电站正常运行范围内，水泵水轮机具有较高的效率。

（4）水泵水轮机水力设计合理，水轮机工况与水泵工况参数应优化匹配。使电站在设计的特征水头及运行方式下，一个工作周期内的发电水量和抽水水量应达到水量平衡。

（5）电站出力受阻容量合理，动能经济指标合理。

（6）类似电站选择经验。

对世界上 102 座抽水蓄能电站的统计资料分析显示，有 66 座电站的额定水头高于算术平均水头，19 座略低于算术平均水头，17 座与算术平均水头相同，而略低于算术平均水头的抽水蓄能电站都是水头变幅较小的电站。从水力稳定性角度考虑，对于水头变幅较大的抽水蓄能电站，额定水头不宜小于算术平均水头；对于水头变幅较小的抽水蓄能电站，额定水头可略低于加权平均水头或算术平均水头，最终应通过技术经济比较确定。从国内已建和在建抽水蓄能电站设计以及近年来各主机厂家的技术交流中，水轮机工况额定水头选择有提高的趋势，一般最大水头与额定水头比值不大于 1.1。

3.1.3.2　比转速和额定转速

1. 比转速的计算和选择

比转速是表征水泵水轮机综合特性的参数，综合反映了转轮的尺寸、形状、流道过流能力、空化性能和能量指标。

比转速可按表 3-1 和表 3-2 中统计公式进行计算，再由 $K_t=n_tH^{0.5}$ 和 $K_p=n_qH_p^{3/4}$ 计算相应水轮机和水泵工况的比速系数。

表 3-1　用统计公式计算的水轮机工况 n_{st}

公式来源	计算公式
北京院	$n_t=6860H_r^{-0.6874}$
清华大学	$n_t=16000/(H_r+20)+50$
日本公司	$n_t=20000/(H_r+20)+50$
塞而沃	$n_t=1825H_r^{-0.481}$
咨询公司	$n_t=28158H_r^{-0.938107}$

注　H_r 为水轮机工况额定水头（m）。

表 3-2　用统计公式计算的水泵工况 n_{sp}

公式来源	计算公式
北京院	$n_q=1714H_p^{-0.6565}$
清华大学	$n_{sp}=600/H_p^{0.5}$
东芝公司	$n_q=12500/(H_p+100)+10$
富士公司	$n_q=856H_p^{-0.5}$
塞而沃	$n_q=564.5H_p^{-0.48}$
美国	$n_q=750/H_p^{1/2}$
中国水电工程顾问集团有限公司	$n_q=905.75H_p^{-0.526607}$

注　H_p 为水泵工况最小扬程（m）。

选择较高的比转速意味着机组转速加大，有利于减小机组尺寸和质量、提高机组综合效率、减小厂房尺寸、降低工程造价，但比转速选择受水泵水轮机设计制造水平限制，选择过高的比转速也会使机组空化性能恶化，要求加大吸出高度和增加厂房埋深，同时也将对机组运行稳定性带来不利的影响。

据统计，20 世纪 70 年代后制造的水泵水轮机，水泵工况 K_p 值多在 2500～3500 之间，最高的达到 3600～4000，在高水头段 K_p 值达到的水平还要高一些，如日本小仓（Kokura）达 4159，国内广蓄Ⅰ期达到 3969；水轮机工况 K_t 值多在 2000～2600 之间，最高达 2780，国内桐柏电站达 2730。随着水泵水轮机水力设计和制造水平的提高，水泵水轮机的比转速总体上在提高。

比转速总体选择原则如下：

（1）比转速应以水泵工况为基础，综合考虑水头/扬程、空化特性、水质条件、综合加权平均效率、运行稳定性和制造水平等技术条件，合理选择。

（2）对于过机含沙量大和建在高海拔地区的电站，应选用较低水平的比转速。

（3）应对大容量、高水头/扬程水泵水轮机的稳定性（包括振动、摆度、压力脉动、空载不稳定S区等）进行充分论证研究。此外，当所选比转速水平超过水头和容量相当，并已成功投运的水泵水轮机的比转速水平时，应专题研究。

2. 额定转速的选择

根据统计公式计算的比转速和比速系数，参照近期投运的国内外相近水头抽水蓄能机组的设计和制造水平，结合发电电动机同步转速及制造厂推荐转速，综合考虑效率和埋深，经技术经济比选后最终确定额定转速。

结合国内抽水蓄能电站业绩，抽水蓄能机组额定转速一般可选择250、300、333.3、375、428.6、500、600r/min。对水头/扬程200m以下或更低水头的抽水蓄能机组，可能选择更低转速；而水头变幅较大的抽水蓄能电站，还可考虑变速机组技术。

3.1.3.3 吸出高度和安装高程

对水泵水轮机，水泵工况的空化性能比水轮机工况差。在高扬程小流量区域，叶片背面负压区易发生空化；在低扬程大流量区域，叶片正面正压区易发生空化。水泵工况的空化系数一般比较大，且水泵工况比转速增高使转轮空化性能下降。设计中须留有足够的淹没深度，确保水泵水轮机无空化运行。

1. 统计公式计算吸出高度

计算吸出高度的各统计公式见表3-3。

表3-3 计算吸出高度的各统计公式

公式来源	统计公式
北京院	$\sigma_p = 0.00481 n_q^{0.971}$
抽水蓄能电站设计导则（DL/T 5028）	$H_s = 9.5 - (0.0017 n_{st}^{0.955} - 0.008) H_{tmax}$
水电工程咨询公司	$\sigma_p = 0.00524 n_q^{0.918}$
R. S. Stelzer（美）	$\sigma_0 = 0.00137 n_q^{4/3}$（初生）
斯捷潘诺夫（苏）	$\sigma_p = 0.00121 n_q^{4/3}$
Voith公式	$\sigma_p = 0.1 \times (3.65 n_q / 100)^{4/3}$
东芝公司	$H_s = 10 - (1 + H_p/1200)(K_p^{4/3}/1000)$

注　H_s设计计算时取$\sigma_p = \sigma_0$。

由统计公式计算最高和最低扬程下的吸出高度，结合相应下水库水位可得机组安装高程。

2. 吸出高度和安装高程选择

统计公式计算有其局限性，一般作为参考。吸出高度的确定还应更多结合相似电站取值和各制造厂家推荐值，以及相近水头段模型试验情况，考虑水头变幅，满足过渡过程计算中尾水管最小压力控制要求，从而最终确定安装高程。抽水蓄能电站地下厂房机组埋深对工程量及造价的影响一般较小，在兼顾自流排水洞设置，交通、运输等隧洞合理坡度的前提下，可适当增加吸出高度裕度，降低安装高程，增加机组埋深，确保机组完全无空化运行。

另外，水泵空蚀比转速［$C = 5.62 n Q^{1/2} / (10 - H_s)^{3/4}$］是水泵空蚀性能综合指标，既能表征水泵的性能，又与泵的设计工作参数相联系。据统计，通常该数值不宜高于800。

3.1.3.4 效率

20世纪末以来国内水泵水轮机开发和应用增长迅速，水泵水轮机效率水平总体在提高，统计的水轮机和水泵工况最高效率均已分别达93.7%和94.2%以上。高水头低比转速水泵水轮机随着水泵比转速的降低，其转轮形状更加扁平、流道更加窄长，损失加大，效率下降。

经验表明，相比效率，电站机组的长期安全稳定运行对经济效益及电网调度响应性的影响更显著。近些年水泵水轮机也越发注重较好的运行稳定性和空化性能，不片面追求高效率。此外，成功的水泵水轮机水力开发是效率、压力脉动、空化性能、水泵入力和流量、水轮机工况S区和水泵工况正斜率区裕度等综合性能的平衡，水质泥沙、水头变幅等因素也影响效率水平的选择。

加权平均效率是必须考核的关键效率指标，水力开发应充分考虑电站运行加权因子分布，以提高水泵水轮机综合效率。

3.1.3.5 水泵最大输入功率

抽水蓄能电站发电电动机作双向运行，为充分利用发电电动机的容量，一般要求发电机视在功率和电动机视在功率基本相等，以获得最高的综合效率。按相关规范，水泵工况的最大输入功率按下式匹配：

$$P_p = P_t \eta_F \frac{K \eta_D \cos\theta_D}{\cos\theta_F} \tag{3-1}$$

式中 P_p——水泵工况最大输入功率；

P_t——水轮机工况额定输出功率；

η_D——发电机效率；

$\cos\theta_F$——发电机功率因数；

$\cos\theta_D$——电动机功率因数；

K——安全系数，一般为 0.97～0.95，防止水泵工况下发电电动机过载。

3.2 主要技术参数和技术要求

3.2.1 主要技术参数要求

本书根据不同水头段，并结合国内抽水蓄能电站业绩选取系列单机容量 250、300、350、375MW。200m 以上不同水头和不同单机容量水泵水轮机主要技术参数的参考值见表 3-4～表 3-10。

表 3-4 水泵水轮机主要技术参数（200～300m 水头）

项目	水泵水轮机典型技术参数		备注
额定水头（m）	200～300		
单机容量（MW）	250	300	
额定转速（r/min）	333.3、300、250	300、250、214.3	仅列常用转速
建议的水头变幅（最高扬程与最小水头的比值）不大于	统计为 1.23～1.26		另参见 DL/T 5208
正常频率变化范围内“S”特性区安全余量（m）	不小于 20		经验值，最终由水力设计和过渡过程计算结果确定
蜗壳进口压力脉动	水泵工况在整个运行扬程范围内运行	≤3%	
	水轮机额定工况运行	≤2%	
	水轮机部分负荷运行	≤3%	
尾水管压力脉动	水泵工况运行	≤2%	
	水轮机部分负荷或空载运行	≤6%	
	水轮机运行最优工况	≤2%	
导叶和转轮间压力脉动	水泵工况运行	≤6%	
	水泵零流量工况	≤15%	
	水轮机额定工况	≤7%	
	水轮机部分负荷	≤10%	
	额定水头及以上水轮机空载工况	≤15%	
	额定水头以下水轮机空载工况	≤18%	

注 表中“水轮机部分负荷”指在运行水头范围内，相应水头下的机组最大保证功率的 50%～100%，不包括额定负荷。3.2.1 中其余表格相同。

表 3-5 水泵水轮机主要技术参数（300～400m 水头）

项目	水泵水轮机典型技术参数			备注
额定水头（m）	300～400			
单机容量（MW）	250	300	350	
额定转速（r/min）	428.6、375、333.3	375、333.3、300	375、333.3、300、250	仅列常用转速
建议的水头变幅（最高扬程与最小水头的比值）不大于	统计为 1.2～1.23			另参见 DL/T 5208
正常频率变化范围内“S”特性区安全余量（m）	不小于 25			经验值，最终由水力设计和过渡过程计算结果确定
蜗壳进口压力脉动	水泵工况在整个运行扬程范围内运行	≤3%		
	水轮机额定工况运行	≤2%		
	水轮机部分负荷运行	≤3%		
尾水管压力脉动	水泵工况在整个运行扬程范围内运行	≤2%		
	水轮机部分负荷或空载运行	≤6%		
	水轮机运行最优工况	≤2%		
导叶和转轮间压力脉动	水泵工况运行	≤6%		
	水泵零流量工况	≤15%		
	水轮机额定工况	≤7%		
	水轮机部分负荷	≤10%		
	额定水头及以上水轮机空载工况	≤12%		
	额定水头以下水轮机空载工况	≤17%		

表 3-6　　　　水泵水轮机主要技术参数（400～500m 水头）

项目	水泵水轮机典型技术参数				备注
额定水头（m）	400～500				
单机容量（MW）	250	300	350	375	
额定转速（r/min）	500、428.6、375	500、428.6、375	428.6、375、333.3	375、333.3、300	仅列常用转速
建议的水头变幅（最高扬程与最小水头的比值）不大于	统计为 1.17～1.2				另参见 DL/T 5208
正常频率变化范围内“S”特性区安全余量（m）	不小于 30				经验值，最终由水力设计和过渡过程计算结果确定
蜗壳进口压力脉动	水泵工况在整个运行扬程范围内运行			≤4%	
	水轮机额定工况运行			≤3%	
	水轮机部分负荷运行			≤5%	
尾水管压力脉动	水泵工况在整个运行扬程范围内运行			≤2%	
	水轮机部分负荷或空载运行			≤4%	
	水轮机运行最优工况			≤2%	
导叶和转轮间压力脉动	水泵工况运行			≤6%	
	水泵零流量工况			≤12%	
	水轮机额定工况			≤6%	
	水轮机部分负荷			≤10%	
	额定水头及以上水轮机空载工况			≤12%	
	额定水头以下水轮机空载工况			≤16%	

表 3-7　　　　水泵水轮机主要技术参数（500～600m 水头）

项目	水泵水轮机典型技术参数			备注
额定水头（m）	500～600			
单机容量（MW）	300	350	375	
额定转速（r/min）	500、428.6	500、428.6、375	428.6、375	仅列常用转速
建议的水头变幅（最高扬程与最小水头的比值）不大于	统计为 1.15～1.17			另参见 DL/T 5208
正常频率变化范围内“S”特性区安全余量（m）	不小于 35			经验值，最终由水力设计和过渡过程计算结果确定

续表

项目	水泵水轮机典型技术参数		备注
蜗壳进口压力脉动	水泵工况在整个运行扬程范围内运行	≤4%	
	水轮机额定工况运行	≤3%	
	水轮机部分负荷运行	≤5%	
尾水管压力脉动	水泵工况在整个运行扬程范围内运行	≤2%	
	水轮机部分负荷或空载运行	≤4%	
	水轮机运行最优工况	≤2%	
导叶和转轮间压力脉动	水泵工况运行	≤6%	
	水泵零流量工况	≤12%	
	水轮机额定工况	≤6%	
	水轮机部分负荷	≤10%	
	额定水头及以上水轮机空载工况	≤12%	
	额定水头以下水轮机空载工况	≤15%	

表 3-8　　　　水泵水轮机主要技术参数（600～700m 水头）

项目	水泵水轮机典型技术参数			备注
额定水头（m）	600～700			
单机容量（MW）	300	350	375	
额定转速（r/min）	600、500	600、500、428.6	500、428.6	仅列常用转速
建议的水头变幅（最高扬程与最小水头的比值）不大于	统计为 1.12～1.15			另参见 DL/T 5208
正常频率变化范围内“S”特性区安全余量（m）	不小于 40			经验值，最终由水力设计和过渡过程计算结果确定
蜗壳进口压力脉动	水泵工况在整个运行扬程范围内运行		≤5%	
	水轮机额定工况运行		≤4%	
	水轮机部分负荷运行		≤6%	
尾水管压力脉动	水泵工况在整个运行扬程范围内运行		≤2%	
	水轮机部分负荷或空载运行		≤4%	
	水轮机运行最优工况		≤2%	

续表

项目	水泵水轮机典型技术参数		备注
导叶和转轮间压力脉动	水泵工况运行	≤6%	
	水泵零流量工况	≤8%	
	水轮机额定工况	≤6%	
	水轮机部分负荷	≤10%	
	额定水头及以上水轮机空载工况	≤12%	
	额定水头以下水轮机空载工况	≤15%	

表 3-9　　水泵水轮机主要技术参数（700～800m 水头）

项目	水泵水轮机典型技术参数			备注
额定水头（m）	700～800			
单机容量（MW）	300	350	375	
额定转速（r/min）	600、500	600、500	600、500、428.6	仅列常用转速
建议的水头变幅（最高扬程与最小水头的比值）不大于	统计为 1.09～1.14			另参见 DL/T 5208
正常频率变化范围内“S”特性区安全余量（m）	不小于 45			经验值，最终由水力设计和过渡过程计算结果确定
蜗壳进口压力脉动	水泵工况在整个运行扬程范围内运行		≤5%	
	水轮机额定工况运行		≤4%	
	水轮机部分负荷运行		≤6%	
尾水管压力脉动	水泵工况在整个运行扬程范围内运行		≤2%	
	水轮机部分负荷或空载运行		≤4%	
	水轮机运行最优工况		≤2%	
导叶和转轮间压力脉动	水泵工况运行		≤6%	
	水泵零流量工况		≤8%	
	水轮机额定工况		≤6%	
	水轮机部分负荷		≤10%	
	额定水头及以上水轮机空载工况		≤12%	
	额定水头以下水轮机空载工况		≤15%	

表 3-10　　水泵水轮机其余典型技术参数

项目	典型技术参数		
机组转速上升	不大于 45%		按规范
蜗壳进口压力上升	计算控制值不大于 30%，计入压力脉动和计算误差后的调保设计控制值作为招标依据。压力脉动取甩负荷前净水头的 5%～7%，计算误差取压力上升值的 10%		计算超出控制值时应说明其必要性或合理性
尾水管进口压力下降	计入压力脉动和计算误差后作为招标调保设计控制值：设计工况不小于 0m，校核工况不小于−8m。压力脉动取甩负荷前净水头的 2.0%～3.5%，计算误差取压力下降值的 7%～10%		
水泵工况正斜率区裕度	H/Q 对应点与正斜率区的开始点之间的裕度不小于最大扬程的 2%		按规范
水泵最大入力	按发电机和电动机视在功率相等为前提，考虑正常频率变化、真机与模型误差。一般可取额定出力的 1.06～1.08 倍		经验值，电动机功率应与之匹配
空化系数裕度	在电站正常运行条件下（包括正常频率变化）电站空化系数 σ_{pl} 大于初生空化系数 σ_i，其比值建议不小于 1.02～1.05		
顶盖振动（mm）		额定转速 n（r/min）	
		$250 \leq n < 375$	$n \geq 375$
	水平振动	0.05	0.03
	垂直振动	0.05	0.03
主轴相对振动（摆度，mm）	主轴相对振动（摆度）应不大于 GB/T 11348.5—2008 图 A.2 中规定的 A 区上限线，且不超过轴承总间隙的 75%		
噪声［dB（A）］	尾水管进人门 1m 处不超过		105
	水轮机机坑内靠里衬 0.2m 距脚踏板上方 1m 处不超过		98
水泵水轮机寿命（年）	50		

3.2.2　工作应力等一般要求

3.2.2.1　概述

水泵水轮机各部件的工作应力满足相关规范要求。

（1）水泵水轮机所有部件的工作应力不得超过规定的最大许用应力，同时要考虑材料的疲劳。应在设计中取用经实践证明的安全系数，对关键部件的部位和主机承包商认为需要的任何部件，应采用较低的工作应力。

（2）设计中，所有部件结构设计中应进行安全性能分析，对那些承受交变应力、振动或冲击应力的零部件，在所有预期的工况下，设计时应进行刚强度和疲劳强度分析计算，有足够的安全裕量。

（3）部件的工作应力和变形可采用经典公式解析计算，也可采用有限元法分析计算。对结构复杂的重要部件，宜采用有限元法分析计算。

3.2.2.2　最大许用应力

（1）水泵水轮机部件的工作应力分析应考虑水轮机模式和水泵模式的工作状态，按运行工况分别考核。运行工况包括正常运行工况、过渡工况和特殊工况。其中，正常运行工况是指机组正常工作状态（稳态），过渡工况是指水轮机弃荷、零流量扬程、水泵断电等过渡过程（瞬态）所发生的各种荷载工况，特殊工况是指打压试验、飞逸、导叶保护装置破坏等非正常工况。

（2）在水泵水轮机正常运行工况和过渡工况，所有部件所采用的材料的最大许用应力应不超过表3-11的规定。特殊工况条件下采用经典公式计算的断面应力不大于材料屈服极限的2/3。

表3-11　　部件正常运行工况和过渡工况许用应力　　MPa

材料名称	最大许用应力	
	拉应力	压应力
灰铸铁	U. T. S/9	70
碳素铸钢和合金铸钢	#U. T. S/5或Y. S/3	#U. T. S/5或Y. S/3
合金钢锻件	#U. T. S/5或Y. S/3	#U. T. S/5或Y. S/3
碳钢锻件	Y. S/3	Y. S/3
主要受力部件的碳素钢板	U. T. S/4	U. T. S/4
高应力部件的高强度钢板	Y. S/3	Y. S/3
其他材料	#U. T. S/5或Y. S/3	#U. T. S/5或Y. S/3

注　U. T. S为强度极限；Y. S为屈服极限；标注#处取小值。

（3）对于承受剪切和扭转力矩的零部件，铸铁的最大剪切应力不超过21MPa，其他黑色金属材料的最大剪切应力不得超过许用抗拉应力的70%，但其中机组主轴、导叶轴的最大剪应力不得超过许用应力的60%。

（4）采用有限元方法分析计算得到的应力分析结果，局部应力值可超出上述许用应力值，但需经需方认可，并且在正常运行工况和过渡工况条件下最大应力不得超过材料屈服极限的2/3。对于离心力控制的发电弃荷、水泵断电过渡过程工况及特殊工况条件下的最大应力，不得超过材料屈服极限。

（5）转轮叶片在预期的最大荷载条件下正常运行时，转轮各部位最大静应力不应超过材料屈服极限的1/5；在最高飞逸转速时，最大静应力不应超过材料屈服极限的2/5，并应进行疲劳强度核算。

（6）主轴的最大复合应力定义为$S_{max}=(S^2+3T^2)^{\frac{1}{2}}$，$S_{max}$不应超过材料屈服极限的1/4。式中，$S$为由于水力、动荷载和静荷载引起的轴向应力和弯曲应力的总和，T为水泵水轮机最大功率（输入功率）时的扭转切应力。按上式计算最大复合应力S_{max}并计入应力集中后出现的最大应力不应超过材料屈服极限的2/5，且水泵水轮机最大功率（输入功率）时的主轴扭转切应力不应超过材料屈服极限的1/6。

（7）刚强度和疲劳分析计算应约定具体要求，包括需计算的机组部件、计算工况、疲劳分析事件频次约定等。对于螺栓等紧固件，应严格按预应力施加方式和操作技术规程进行现场施工和监督。

3.2.2.3　抗震设计

机组设备应采用静力弹塑性分析法进行抗震设计。在临时过载同时伴随地震情况下，机组设备应能承受电站所在区域的垂直方向和水平方向的地震加速度载荷，非转动部件的应力不得超过正常工况下最大许用应力值的133%，转动部件的剪应力不超过许用拉应力的50%。

3.2.2.4　螺栓

（1）对于水泵水轮机、主进水阀等设备的连接螺栓，如（不限于）主进水阀本体把合螺栓、进水阀与延伸段把合螺栓、进水阀与伸缩节连接螺栓、顶盖分半把合螺栓、顶盖与座环连接螺栓、主轴连接螺栓、蜗壳进人门及尾水进人门螺栓等，应进行螺栓的强度、应力及疲劳计算分析，合理确定螺栓使用更换周期。

（2）前述的重要部位螺栓无损检测时，宜同时进行超声波与磁粉监测，并应提供螺栓材质、无损检测、力学性能等出厂试验报告。前述螺栓供货质量控制，按适当比例增加螺栓供货数量，以便对螺栓进行开展材质及力特性检验。

（3）对于涉及水淹厂房和机组安全，以及有预应力要求的螺栓、螺杆（钉）及连杆等连接件，不论是自制还是外购，均应对螺栓进行预应力检查，以验证伸长量与应力的关系曲线，并检查可能存在的缺陷。该项检查所施加的应力不得超过螺栓材料屈服强度的 7/8。螺栓、螺杆（钉）及连杆等连接件均应进行 100％目视检查和无损探伤检测抽检合格后方可发运。

（4）预应力螺栓不论是采用液压拉伸还是电加热的紧固方式，其最大装配预加载荷计算至最小应力截面的综合应力不得超过材料最小屈服强度的 7/8。

（5）预应力螺栓装配完成后，未加载情况下，每个螺栓的有效预紧力不应小于任何工况（含飞逸工况）下连接对象的最大工作荷载折算到螺栓轴向荷载的 2 倍，且各螺栓之间的有效预紧力偏差不得超过设计值的±5％。

（6）在任何工况下，螺栓最小截面的综合应力不应大于其材料屈服强度的 2/3；在可能出现的最大荷载工况下，螺栓的残余紧力不应小于此工况下每个螺栓荷载的 1/2。

（7）有打压试验要求的连接螺栓，必须对打压试验工况进行复核，且保证打压试验顺利完成。

（8）应随螺栓提交预应力施加方式和操作技术规程，包括但不限于螺栓紧固方法、顺序、预紧力等，并进行现场施工督导。

（9）在具体工程项目的抽水蓄能机组招标文件中，应对抽水蓄能机组关键部件螺栓预紧力、许用应力、疲劳强度、螺纹强度等作出具体、详细的规定。

3.2.3 水泵水轮机结构

单级立轴混流式水泵水轮机一般由转轮、主轴、水导轴承、主轴密封、顶盖、底环/泄流环、导水机构、蜗壳、座环、尾水管等部件组成。

水泵水轮机的可拆卸部件包括转轮、主轴、水导轴承、顶盖、主轴密封和导水机构等，蜗壳、座环和尾水锥管以下里衬一般埋入混凝土中，底环/泄流环和尾水锥管则根据水泵水轮机结构及拆卸方式确定是否埋入混凝土。

典型单级混流式水泵水轮机结构如图 3-1 所示。

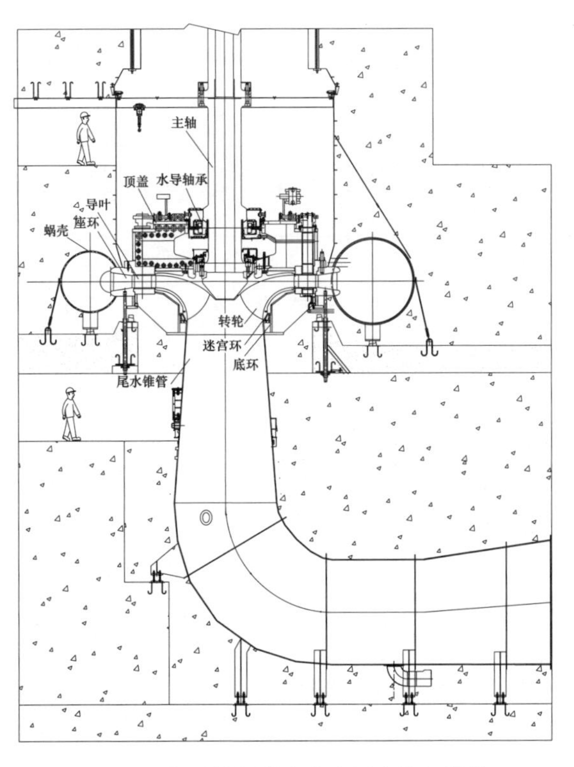

图 3-1　典型单级混流式水泵水轮机结构

3.2.4 水泵水轮机拆卸方式

水泵水轮机的拆卸方式可分为上拆、中拆和下拆三种，国内抽水蓄能电站水泵水轮机拆卸方式统计见表 3-12。

表 3-12　国内抽水蓄能电站水泵水轮机拆卸方式统计

电站名称	装机台数×单机容量（MW）	额定水头（m）	额定转速（r/min）	拆卸方式	备注
广蓄Ⅰ	4×300	496	500	下拆	
广蓄Ⅱ	4×300	512	500	中拆	
十三陵	4×200	430	500	上拆	
天荒坪	6×300	526	500	中拆＋辅助下拆	尾水锥管可下拆

续表

电站名称	装机台数×单机容量（MW）	额定水头（m）	额定转速（r/min）	拆卸方式	备注
桐柏	4×300	244	300	上拆	
泰安	4×250	225	300	上拆	
宜兴	4×250	363	375	上拆＋辅助下拆	尾水锥管可下拆
琅琊山	4×150	126	230.8	上拆	
西龙池	4×300	640	500	上拆	
惠州	8×300	517	500	中拆	
宝泉	4×300	510	500	中拆	
白莲河	4×300	195	250	上拆	
响水涧	4×250	190	250	上拆	
张河湾	4×250	305	333.3	上拆	
仙游	4×300	430	428.6	上拆	
呼和浩特	4×300	521	500	上拆	
溧阳	6×250	259	300	上拆	
黑麋峰	4×300	295	300	上拆	
蒲石河	4×300	308	333.3	上拆	
清远	4×320	470	428.6	上拆	
仙居	4×375	447	375	上拆	
洪屏	4×300	540	500	上拆	
绩溪	6×300	600	500	上拆	在建
敦化	4×350	655	500	上拆	在建
长龙山	6×350	710	500、600	上拆	在建

（1）上拆方式：水泵水轮机可拆部件通过发电机定子上拆，布置紧凑，机组轴线短，轴线调整相对简单，轴系稳定性好，机组运行振动和噪声较小，可减小厂房高度，厂房结构较简单。当水泵水轮机可拆部件需要吊出检修时，即便转子无须检修也要吊出机坑，顶盖一般需分瓣，水泵水轮机部件装拆时间较长。

（2）中拆方式：水泵水轮机可拆部件通过机墩通道中拆，不需拆发电电动机部件就可较快拆卸水泵水轮机部件，缩短检修工期，但需增加中间轴，机组轴线加长，增加轴线调整难度，并且机墩中开较大通道，对整个厂房的振动和噪声有一定影响；此外，土建投资相对加大，为改善土建结构的强度和刚度，机墩下游侧考虑与岩体联成一整体。

（3）下拆方式：水泵水轮机可拆部件通过尾水管锥管处的下部通道拆出，无中间轴，拆装时间短，顶盖一般不需拆卸，但因底环、锥管等部件不埋入混凝土中，可能会增加部件振动，缩短下导叶轴承寿命；厂房底部设通道，结构较复杂，可能带来较大振动、噪声等问题，高转速大容量机组应尽量避免。

抽水蓄能电站一般水质较好，机组按无空化运行进行水力设计，因此过流部件一般磨蚀轻微，检修间隔较长，修补工作量小。若无特殊要求，为确保机组长期安全稳定运行并创造良好电站工作环境，一般首选上拆方式。

3.2.5 部件技术要求

3.2.5.1 转轮

水泵水轮机转轮由叶片、上冠、下环组成，多为不锈钢铸焊结构。叶片、上冠、下环采用不低于 ZG04Cr13Ni4Mo、ZG04Cr13Ni5Mo 或 ZG04Cr13Ni6Mo 等抗磨蚀、抗空化和具有良好焊接性能的不锈钢材料单独以 VOD 或 AOD 精炼铸造（转轮叶片也可采用模压），组焊后精加工而成。铸件机械性能不低于 JB/T 10264—2014《混流式水轮机焊接转轮上冠、下环铸件》、JB/T 7349—2014《水轮机不锈钢叶片铸件》的要求。为保证在机组检修期间在机坑内能对转轮进行局部补焊，该材料应能在常温下进行局部缺陷修补焊接，且修补焊接部位不需要进行焊接后热处理。转轮泄水锥采用与转轮相同的材料，通过在工厂内焊接的方式连接到转轮上冠。

转轮设计和制造应保证有足够强度，能够承受任何可能产生的作用在转轮上的最大水压力和离心力，以及使用寿命内的周期性变动荷载而不发生任何有害变形。转轮应有足够的刚度支撑本身和主轴的重量。转轮叶片的通过频率应避免与相关部件、电磁设计、电网频率等产生共振。进行转轮动、静负荷计算，并基于转轮使用寿命，对转轮疲劳强度进行计算分析。

当水泵水轮机主轴与发电电动机主轴分开时，转轮应能放置在水泵水轮机固定部件上并能支承自身和主轴部分的重量，同时能调水平。转轮与水泵水轮机主轴采用螺栓连接，以可靠的、有运行经验的方式传递扭矩（如销连接），设有主轴法兰的连接螺栓保护罩。转轮的设计、制造应保证电站各台机组具有互换性。

转轮的下环和上冠应设置有效的止漏环，以保证间隙漏水量尽可能小；止水间隙必须均匀，且应不超过模型间隙的比例尺寸。止漏环应与转轮一同整体铸造，并应具有好的抗腐蚀、抗磨损和抗空蚀性能，其硬度值应高于对应的底环、顶盖上相匹配的止漏环硬度的一个适当数值（硬度差不小于 HB 65）。

转轮叶片、上冠和下环铸造后，应在工厂内参照 CCH 70-3《水力机械铸钢件检验规范》进行铸件质量检查，并应提供一份按 CCH 70-3 要求的转轮铸件质量检查的质量表。主要缺陷的划分要满足 CCH 70-3 的规定。应力释放处理后，对转轮进行 100％的磁粉和染色探伤，所有焊缝应进行超声波探伤。

原型水泵水轮机的过流部分必须保证与验收的模型水泵水轮机转轮完全几何相似。尺寸检查除另有规定外，均按 GB/T 10969—2008《水轮机、蓄能泵和水泵水轮机通流部件技术条件》或 IEC 60193—1999《水泵水轮机模型验收规程》的要求执行。应要求主机承包商提供一套与模型验收尺寸相似的 3 个以上进口和 3 个以上出口边断面的转轮叶片型线检查样板。样板位置与模型验收时尺寸检查位置相对应。

转轮加工完成后，表面质量应符合有关要求，并应再次进行全面的无损伤检查且结果应符合有关标准要求。转轮加工完成后，应在工厂同上、下止漏环一起进行静平衡试验。

3.2.5.2　主轴

水泵水轮机主轴两端带有连接法兰，用优质锻钢锻制成。主轴上端法兰与发电机轴下法兰接合面高程应按机组总体布置和轴系稳定要求确定。水泵水轮机主轴与发电电动机轴连接法兰应准确配合。主轴下端法兰处应封闭其内孔。主轴下端法兰孔封堵堵板应采用抗汽蚀和防腐蚀，连接要可靠，防止运行中渗漏或脱落。

主轴应具有足够的强度和刚度，能够承受在任何工况条件下可能产生的作用在主轴上的扭矩、轴向力和水平力，且有可能发生的最大瞬态转速时没有有害的振动和摆动。水泵水轮机与发电电动机连接在一起后，主轴的一阶临界转速不小于最大飞逸转速的 1.25 倍。

机组转动系统分析包括全部轴承和所有过荷载在内的机组轴系的动态稳定、刚度和临界转速。该分析将论证对于正常工况和暂态工况所有轴承、支撑件和建立的油膜是完好的。验算动荷载频率、水泵水轮机流道压力脉动频率、输水钢管中的压力脉动频率、电网频率，这些频率和机组部件的固有频率不致产生共振。

法兰之间的夹紧力通过液压拉伸工具预紧螺栓，并对其伸长尺寸进行精确测量得到。扭矩传递方式应可靠、有效，并具有运行经验。

主轴应在方便摆度调整测量的位置表面抛光。主轴的中心应开一个直径不小于 0.15m 的通孔并加工到足够光滑，以便于检查主轴的内部质量。在主轴上适当位置应设一圈永久性标记，与顶盖上或导轴承箱盖上设置的标记相对应，以便检查机组转动部分的轴向位置。

如机组过速保护装置和转速监测装置的测速齿盘位于水泵水轮机主轴范围内，主轴设计时应考虑这一装置牢固地固定在轴上。机组齿盘测速装置应为调速器测速装置及机组功角测量系统提供转子速度脉冲信号，满足调速器测速装置和机组功角测量系统对转子速度脉冲信号的技术要求。

主轴加工完成以后应按水轮机、水轮发电机大轴锻件技术条件 JB/T 1270—2014《水轮机、水轮发电机大轴锻件技术条件》或 ASTM A388 的规定进行超声波的检查，并应进行形状偏心和质量偏心检查，检查结果应符合有关标准要求。

主轴两端的法兰外形尺寸应符合 ANSI/IEEE 810 的有关规定。主轴下端可以在不更换法兰螺栓的条件下互换转轮。水轮机主轴上端法兰与发电电动机轴下端法兰相连接的螺栓、螺母、联轴螺栓保护盖、螺栓紧固和应力测试工具均由主机承包商提供。

发电电动机主轴和水泵水轮机主轴联轴检查和校正应符合相关规定。连接后的主轴摆度公差应符合 ANSI/IEEE 810 的规定。

3.2.5.3　主轴密封

主轴密封一般包括工作密封和检修密封。工作密封在机组正常运行中防止机组漏水，检修密封用于机组长时间停机或者工作密封检修时封住尾水。主轴通过顶盖处设置工作密封。在不拆卸水导轴承的情况下，应能够检查、调整和更换主轴密封。在主轴上对应主轴密封的位置需设有一个可更换的不锈钢转环或衬套，避免主轴磨损；不锈钢转环或衬套应有足够刚度，以防止在水压作用下变形，影响密封效果。主轴密封的布置必须与整个转动部分轴向移动距离相适应。

工作密封的结构形式可以是轴向或径向，密封面通以有压清洁润滑水，在主轴高速旋转时形成水膜，达到封水封气要求。工作密封应能保证密封面的良好配合和密封性能，并设自动平衡装置以自动调整。工作密封允许在机组停机时不供润滑水。密封元件用有足够强度的耐磨材料（如碳精）制造，工作密封应至少运行 20000h 无须更换。

工作密封润滑水水源可以为技术供水管或上游压力钢管压力水，水源的配置方案根据电站水头和主轴密封的结构特点确定。应设置主轴密封安全运行检测和磨损量监测装置，还应设置密封环温度测点。

检修密封布置在工作密封以下，以便在不排除尾水管内水的情况下拆卸和更换工作密封。检修密封多采用空气围带形式，其投切可手动/自动操作。主轴检修密封多采用围带式检修密封。利用模具压制的围带装在固定部分，正常运行中转动部分保持 1.5～2.0mm 间隙，停机检修时充压缩空气，使围带扩张、密闭间隙达到密封作用。检修密封应设监控设备，当检修密封尚未解除时，水泵水轮机不能投入运转。

所有紧固工作密封和检修密封用的压板、螺栓、螺母、螺钉等金属材料均应采用不锈钢材料，为密封导向的元件及密封槽应为抗锈蚀产品。

主轴密封主要技术参数见表 3-13。

表 3-13　　　　　　　主轴密封主要技术参数

项目	主轴密封	
	工作密封	检修密封
形式	径向自补偿接触式密封；端面密封	空气围带
材料	高分子耐磨材料；碳精	丁腈橡胶
总润滑水量（L/min）及水压（MPa）	进入密封间隙的水压一般考虑高于转轮迷宫后下腔水压 5m 水柱以上	—
流向顶盖侧的润滑水量（L/min）	一般为总润滑水量的 50%左右，与结构及尺寸等有关	—

端面密封和径向密封典型结构如图 3-2 和图 3-3 所示。

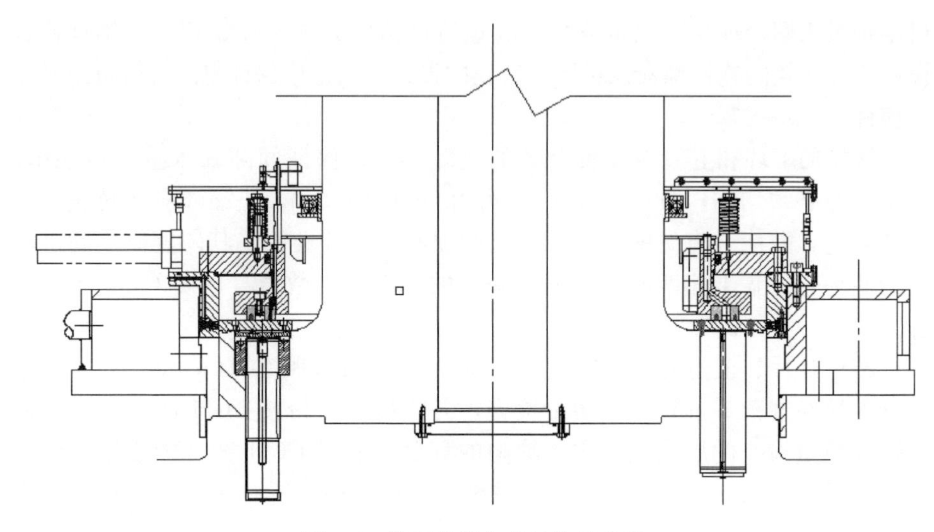

图 3-2　端面密封典型结构示意图

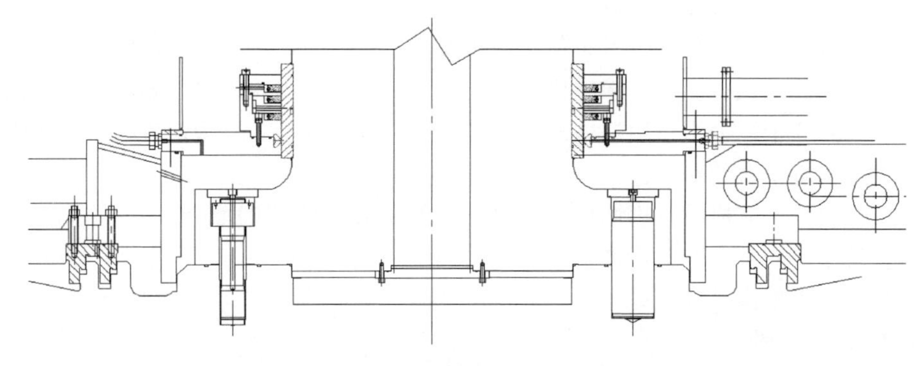

图 3-3　径向密封典型结构示意图

3.2.5.4　导轴承

水泵水轮机导轴承为稀油润滑导轴承，导轴承位置应尽量靠近水泵水轮机转轮。导轴承可为分块瓦式，并应考虑在机组两个旋转方向上有相同特性。不拆卸导轴承应就能检查、调整和更换主轴密封元件。应防止水进入导轴承润滑系统，导轴承不允许渗油、溢油和甩油。导轴承和其支座必须有足够的强度，使其能够承受在任何可能发生的运行工况出现的最大转速、转速变化和承受最大径向荷载，并传递到水泵水轮机顶盖上。导轴承应允许主轴轴向移动。

导轴承体应采用优质钢制造，轴瓦采用巴氏合金或更优材料制造。应通过超声波探伤检查仪器对巴氏合金与轴承体的结合情况进行检查，至少有 99%以上的面积接触才能确认合格。轴瓦研刮应在工厂完成。为了便于拆卸和安装轴承，应要求主机承包商提供合适吊耳和拆卸用顶起螺栓。油箱可以是两瓣结构，用螺栓把合，分瓣油箱可以是铸件或焊接。所有焊缝和接合缝都不得有渗油现象，油箱带有箱盖，防止脏物进入油箱，箱盖设有检查孔和孔盖。油箱在方便的位置设有取油样的放油接口和手阀。应指明油箱内允许的最高和最低油位。应设有可将油箱中的油排空的排油口。导轴承润滑油一般采用 L-TSA 汽轮机油（A 级），并应写明导轴承油槽用油量。

冷却器可布置在机坑内或机坑外。冷却器的设计应确保易于拆装和检修。在正常连续运行条件下，轴瓦温度不得超过 70℃，轴承油温不得超过 65℃；当机组带最大负荷正常运行时，冷却水中断 10min 内不得烧瓦，并提供其有关计算报告。冷却器的冷却水源取自厂内供水系统，最大冷却水压取决于调节保证设计（已考虑压力升高）。冷却器制造完成后，应按 1.5 倍设计压力进行耐压试验，保持 30min，然后将压力降到设计压力，保持 30min。在此过程中，冷却器不得出现任何损坏或渗水。

3.2.5.5 座环

座环由上下两个圆环和在圆周上排列的若干固定导叶组成。座环应由优质钢材制造，采用钢板焊接结构。所采用的座环结构形式必须在已投运的类似机组上采用过，经运行证明安全可靠、水力性能优良。

座环应能够承受所有通过其传递的荷载，包括机组重力荷载、机墩混凝土重力荷载、水泵水轮机水推力和充水蜗壳的重力荷载，并能够在无上述重力荷载的情况下承受蜗壳最大试验水压力。固定导叶应有足够的刚度，固定导叶的翼形设计，应确保在水泵和水轮机工况时避免水流冲击及由涡带激振引起的固定导叶振动。

采用钢板焊接座环时，应按 GB 150 或 ASME“压力容器规范”要求对钢板逐张进行探伤，只有合格的钢板才能使用。座环应按 ASME“锅炉和压力容器规范”第Ⅷ节第 1 部分进行设计和制造，在第 1 部分没有给出要求时，应按同一规范第 2 部分疲劳分析执行。座环受力情况应进行有限元分析。座环最大许用应力应满足 GB/T 22581 的规定。

座环与蜗壳应在工厂一起焊接，根据电站运输条件确定分瓣方案。分瓣座环与分瓣蜗壳应在工厂完成整体预组装，并完成需现场组合的所有机加工工作。应采取有效的措施，在工厂内对座环、座环与蜗壳分瓣组合件的焊缝进行100%超声波探伤和进行应力释放或应力消除，并应采用射线检测（RT）或衍射时差法超声检测（TOFD）进行 100%复检。分瓣件的最后机加工要在应力消除处理后进行，过流表面打磨光滑。分瓣座环分半法兰用螺栓连接，并在现场对接合缝进行焊接。焊接工作在制造厂指导下由安装承包商完成。座环与机坑里衬可采用焊接或用螺栓连接在一起，座环与顶盖的连接采用经液压螺栓拉伸器紧固后把合。

固定导叶数应考虑与活动导叶数的组合及其对水力脉动和振动的影响，固定导叶的型线及位置应能使水流平顺地流向或流出导叶。如蜗壳末端自流排水管无法排空顶盖积水，可在两个或两个以上的固定导叶上开孔，以便及时自流排出顶盖的渗漏水，其连接件和管路应包括在供货范围内。固定导叶中心开孔后不应影响结构的强度、刚度和水流过流能力。孔口应设有拦污网，以防止排水管堵塞。应在座环的下环均匀布置足够数量的灌浆孔和排气孔，以便于混凝土充填和压力灌浆。焊缝应进行 100%无损探伤。座环安装时水平调整的方法和设备工具可以是楔形板或抗重螺栓，也可以是其他适当的方法。在座环上同一水平面圆周上均匀选择足够数量的测点进行精加工，以便水平调整测量时使用。在现场焊接及组装期间应控制变形。现场焊接及组装后，需对座环顶部和底部与顶盖和底环的配合面进行处理。

应要求主机承包商提供带有调整臂的刚性辐向支撑架，中心部位设有垂线中心移动平台。支撑架上应能附装仪表。安装座环时，该支撑架用来测定水平度、垂直度和同心度。

为了保证座环在各种运行条件下能安全工作，必须在现场对全部机组的座环（连同蜗壳）进行水压试验。应要求主机承包商提供完整的蜗壳水压试验设备。座环（带蜗壳和底环）应要求在工厂内同顶盖及其他部件一起进行预组装。

3.2.5.6 蜗壳

蜗壳应采用优质钢板制造的焊接结构并与座环一起，结合运输限制尺寸条件考虑分瓣。蜗壳分瓣件应加固以防装运变形。蜗壳的旋转方向、与厂房轴线的夹角应与厂房布置相适应。

蜗壳应能够不与混凝土联合受力而单独承受各种运行工况下可能发生的最大水压力与试验压力。蜗壳进口最大压力合同保证值应考虑压力脉动和计算误差，蜗壳设计内水压力在合同保证值基础上考虑一定的设计余量（3%～5%）。

蜗壳应按 GB 150 或 ASME“锅炉和压力容器规范”第Ⅷ节第 1 部分进行设计和制作，在第 1 部分没有给出要求时，应按同一规范第 2 部分疲劳分析执行。腐蚀裕量按不小于 2mm 考虑。蜗壳用钢板应逐张进行探伤检查，不合格的钢板不允许使用。蜗壳最大许用应力应满足 GB/T 22581 的规定。分瓣的蜗壳应与分瓣座环本身在工厂内焊接。分瓣的蜗壳与座环在焊接完毕后，应将过流表面所有焊接打磨光滑，并采取措施进行应力释放或应力消除。对蜗壳所有焊缝进行 100%UT，并进行 100%MT 或 PT 检查，所有纵缝（含工厂和现场焊缝）、T 型焊缝、蜗壳与钢管连接环缝等进行 100%TOFD（超声波衍射时差法）检查。对于因缺陷超标需返修的部位，返修后用原检测方法进行复检；原检测方法没有采用 TOFD 的，增加 TOFD 检查。分瓣蜗壳和座环在启运前应在工厂完成预装配和所有现场整体焊接的机械加工准备工作，分瓣蜗壳和座环的工地焊接后应将所有焊缝打磨光滑，进行 100%无损探伤试验，并进行焊后防腐涂漆处理。

为吊装和运输方便，应在分瓣蜗壳、座环的适当位置焊接临时性的吊耳和支撑件。所有临时焊接的吊耳或支撑件在安装完成后必须铲除并磨光，然后用磁粉或着色探伤检查。

蜗壳进口上游侧与进水阀伸缩节用法兰连接。在蜗壳水压试验时与试验封堵盖连接，因此法兰应有足够的强度承受试验水压力。在蜗壳进口处采用合理设计和适当措施，将轴向力传给混凝土。

应在蜗壳进口段的适当位置设置一个直径不小于 600mm 的进人门。进人门必须安全可靠、密封性能优良，门的结构应有防开裂措施。进人门内表面应与流道内表面齐平，启门采用高强度顶起螺栓。进人门应设有一个手柄，并应带有耐腐蚀的紧固螺栓、螺母、紧固工具、铰销和拉手及有效的密封元件。

在蜗壳进口段的最低处开排水孔，以便于在检修机组时能顺利地将蜗壳中的积水排到尾水管中。顶上开有进水阀旁通管和空气阀接口，以便安装旁通管和空气阀及排气阀。这些接口孔应与进水阀相配合。从蜗壳连到尾水管之间应设带油压控制阀的虹吸管，以排除转轮空转时蜗壳内的空气。

在蜗壳两个不同断面上设置高、低压测孔（与模型试验吻合），每个断面应有三个测孔，测孔布置应是最适合用 Winter Kennedy 法精确测量水轮机工况流量。在蜗壳进口圆柱段部分设置适当数量的测压孔，以测量水泵水轮机的净水头、扬程和压力脉动。当蜗壳进行水压试验时，应将各测孔封堵，所有测头应按 GB 或 IEC 标准设计。

蜗壳安装所需的工具包括千斤顶、拉紧螺栓、支座、水平调整设备、紧固件及一期混凝土中的锚环、锚杆、螺栓。紧固件可以现场焊接到蜗壳搭子上，必须在蜗壳上对焊接位置予以标记。蜗壳上所有进人门、旁通阀、测压孔及其他开孔和临时性吊耳的焊接、现场调整、紧固件的焊接应不影响对蜗壳强度和安全性的要求。

蜗壳浇筑混凝土时内保压一般为 50%的设计压力。蜗壳水压试验压力为 1.5 倍设计压力，持续 30min，然后降到设计压力，持续 30min。试验期间，蜗壳、座环等部件结合面上应无任何漏水；应观察和测量座环和蜗壳等部件的变形和轴向位移，确保变形在弹性容许范围内且无任何损害。如发现异常，将采取措施处理，处理后再做水压试验。应要求主机承包商提供变形检测方法和设备。

3.2.5.7　顶盖

顶盖由钢板焊接，应具有足够的强度和刚度，能在各种工况下安全工作并计及径向和轴向水推力的作用。顶盖过流表面应堆焊不锈钢。

应按 GB 或 ASME“压力容器规范”第Ⅷ章第 1 部分的要求对钢板进行逐张探伤，只有合格的钢板才允许使用。焊接完成后，应对所有焊缝优先进行 100%的超声波衍射时差法（TOFD）检查。顶盖应可以从发电电动机定子内孔吊出。顶盖通过法兰和螺栓与座环连接，用定位销确定顶盖和座环的相对位置。顶盖和座环之间应有良好的密封结构，为了便于顶盖不吊出机坑的情况下导叶的检修，应配套提供一套机坑内顶起和固定顶盖的措施和专用工具。应提供顶盖与座环连接的连接螺栓、螺母、紧固工具、测力设备、密封件和材料、顶起螺栓、检修吊装及其他设备。顶盖与座环间的相对位置由销定位。顶盖上装有主轴密封设备、导轴承支座、导叶控制机构、导叶轴承、止漏环、抗磨板及其他必要的设备。顶盖与底环上的导叶轴承中心保持严格的垂直同心。顶盖与底环上的导叶轴承支座孔应在一起同铰或数控加工或有同样精度的铰孔方法。

顶盖上应设置至少 30mm 厚的抗磨板。抗磨板应采用抗空蚀性能好的不锈钢材料制造，活动导叶端面和抗磨板所用材料之间的硬度差为20～40HB。抗磨板应能拆卸，且用不锈钢螺钉连接到顶盖上。螺钉拧紧后，不得高于或低于抗磨板表面。当抗磨板在其表面受到微小损伤时，可以进行现场补焊而不致引起抗磨板变形。抗磨板应具有互换性。顶盖其他过水表面堆焊厚度不小于5mm厚的不锈钢（加工后）。

顶盖上与转轮上止漏环相对应的位置应设有用抗磨和耐腐材料制造的固定止漏环。固定止漏环应能方便地拆装和更换，用不锈钢螺钉固定。止漏环安装完成后，应保证同心要求，间隙应均匀。止漏环间隙应不超过模型水泵水轮机间隙的比例尺寸。止漏环应设置RTD测温元件。顶盖上应均匀分布适当数量的减压孔和均压装置，以减小转轮与顶盖之间的水压力，减小轴向水推力。均压装置包括控制设备、阀门、阀件、不锈钢均压管、连接件和不锈钢管件等。应设置测量均压管压力的压力表和差压开关，以便现场检查。均压管上设有节流孔板。

在顶盖上应均匀设置4个检查孔，以便在机组安装和检修时，通过检查孔检查转轮与顶盖固定止漏环之间的间隙。机组运行时，应有不锈钢材料的封头密封，不得漏水。在顶盖和上下止漏环的适当位置，应有足够数量的测压孔和测压头，以便测量转轮与导叶之间、转轮与顶盖之间的压力和压力脉动。

顶盖上应设有止漏环冷却供水管及必要的附件，包括冷却水管、手动和自动阀门、压力表、流量传感器、减压设备（如果需要的话）、连接附件。应明确止漏环冷却水量、冷却水压以及冷却水水质要求。

顶盖上应设置适当数量的充气孔口、排气孔口，以便于水泵起动或调相充气压水，以及水泵起动同步后或调相完毕时能将转轮室中的空气排走。充气装置应能有效地压水，排气装置应能有效地排气和止水，并经已投入运行的水泵水轮机运行实践证明是安全可靠的。

主轴密封漏水和顶盖上导叶轴承及其他渗漏水应能通过座环上的排水孔自流排到集水井，同时应设两个绕过蜗壳小断面的自流排水管，出口设有拦污网。每台机组设置自动控制的电动排水泵，采用水位报警信号器控制。

3.2.5.8　底环

底环优先采用整体结构，应采用抗空蚀性能良好的钢板焊接而成。底环可以单独制造，也可与泄流环整体制造，优先采用整体结构。

完整的底环应通过螺栓与座环连接。底环、底环与座环之间的连接缝必须有可靠的密封措施，不得漏水。底环与座环的过流表面应光滑过渡。分瓣底环和底环与座环间的相对位置由定位销固定。

底环上应设有导叶的下部轴承，各轴承的中心线应与顶盖上导叶轴承中心线严格同心。底环应设置抗磨板，其要求与本节顶盖抗磨板相同。其他过水表面堆焊厚度不小于5mm的不锈钢层（加工后）。为了消除调相期间的水环和振动现象，底环上要布置足够数量的排水孔和接头。

应在底环上合适位置开有足够数量的压力灌浆孔、混凝土回填孔和排气孔。所有焊缝应进行100%超声波衍射时差法（TOFD）检查。

3.2.5.9　泄流环

泄流环由不锈钢板焊接而成。泄流环可以单独制造并与底环采用焊接方式连接，也可以与底环整体制造。当水泵水轮机主轴与发电电动机轴解联时，转轮连同主轴放置在泄流环上，此时泄流环密封表面不得有任何损坏和产生有害变形。泄流环应在靠近转轮出口侧对应转轮下止漏环位置设有不锈钢固定止漏环，具体要求与顶盖固定止漏环相同。止漏环应设置RTD测温元件。

泄流环上应设置适当数量的测压孔，以监测泄流环与转轮之间的压力和压力脉动。泄流环上应均匀分布适当数量的均压管接口。测压头应用不锈钢材料制造。

另外：

（1）应考虑采取适当措施以消除水泵水轮机在压水转动时形成的水环和振动现象。

（2）为下止漏环调相运行时冷却，开有适当数量的孔口和冷却水管接头。所有自动和手动阀门及管路均包括在供货范围内。

（3）为机组安装和检修期间能检查下止漏环和转轮迷宫环之间的间隙，在泄流环上应均匀开4个检查孔，检查孔用不锈钢盖严密封堵，不得漏水。为维护和安装方便，下止漏环应可调节。

如果泄流环下部需要浇混凝土，泄流环上应开有足够数量的压力灌浆孔、混凝土回填孔和排气孔。主机承包商应提供封堵用的封头、堵板、焊接材料及工艺要求。所有焊缝应进行100%无损探伤。

3.2.5.10　导叶和导叶操作机构

导叶和导叶操作机构由导叶、导叶轴承、导叶操作连杆和控制环、剪断销（若有）、摩擦装置及配件组成。全套机构应保证导叶动作准确、转动灵活、开度均匀。

导叶应由抗磨损、抗空蚀性能好的镍铬不锈钢铸造或锻造而成。导叶轴可以与导叶本体一起铸造或锻制。导叶应有足够的强度和刚度，在各种运行工况下都能安全工作。在可能产生的最大水压条件下和最快关闭最大水流条件下，导叶不得出现任何损坏或产生有害变形。所有导叶都应按同一标准加工制造，且应具有互换性。导叶过流表面型线应适合水轮机和水泵两工况的水流流态，导叶表面应光滑、水力损失小，且具有良好的密封止水措施，使导叶漏水量尽可能地小。若铸制导叶，应按 CCH 70-3 标准进行检查。

导叶轴承（包括连杆轴套）采用自润滑材料，不需要设润滑系统，导叶下轴套应采用具有排沙功能的自润滑轴承。采用的轴承材料均应在已运行的同类型水泵水轮机上采用并证明是可靠的。导叶轴承包括三个导轴承和两个止推轴承。导叶止推轴承应允许对导叶进行垂直方向的调整。每个导叶需设置轴向窜位限制装置。导叶应采取密封措施，以减少漏水损失。上下导轴承应装有 U 形轴向密封。导叶轴底部应有排水的措施，排水管直径应充分考虑余量，避免发生排水管堵塞而导致导叶上抬。

导叶操作机构应简单可靠，便于检查、调整和维修。连杆与控制环的轴承一般采用圆柱轴承，连杆与导叶拐臂之间一般采用球轴承连接。导叶操作机构应有足够的强度承受在最不利的运行工况加在它上面的最大负载。允许对单个导叶开度进行调整而不影响其他导叶。控制环应位于导叶节圆直径内，并能方便地进入水导和轴封。控制环位于并支承在带润滑油的可更换的青铜，或自润滑材料或其他材料的支承环上。

应在便于观察的地方设置导叶开度指示设备。刻度标尺上应刻有导叶实际开度（mm）和相对开度（%）。应设导叶最大开度限制装置。

当导叶及其操作机构通过两个双向作用活塞型接力器操纵时，每个导叶应配一个剪断销。拐臂通过摩擦装置与导叶上部牢固地连接。剪断销、摩擦装置可以承受水泵水轮机运行中的所有力并具有足够的安全裕度。摩擦装置的连接设计简单，并允许对每只导叶进行单独调整。每只拐臂应设置一个电气限位开关，以指示拐臂是否偏离位置。每个导叶均应设置可靠的导叶限位块。导叶限位块应根据在最不利的工作条件下可能施加到导叶限位块上的最大水力矩和冲击力来设计。限位块在保护装置动作的情况下，防止松动的导叶反向和转轮及相邻导叶相碰。限位块应用减震垫保护。

控制环和拐臂的连接板应有可靠的固定措施。

应对导叶剪断销、摩擦装置和限位装置进行专门的试验，以验证剪断销、摩擦装置的破断力、摩擦力矩和重复性，限位装置的焊缝应在厂内进行无损探伤检查。导叶和导水机构应在工厂内进行预装配和导叶动作试验，并进行流道尺寸检查和导叶间隙检查。导叶和导水机构的检修应考虑满足不拆卸发电机下机架的要求。

3.2.5.11　导叶接力器

导叶及其操作机构通过两个双向作用活塞型接力器操纵。正常运行时，每个接力器传至土建工程上的力应平衡。接力器缸采用钢制，活塞及活塞杆采用锻造。应采用可靠措施，防止沿接力器活塞杆渗油。

操作油采用中国 L-TSA-46 汽轮机油（A 级）。接力器操作油压等级为 6.3MPa。接力器必须保证足够的工作容量，确保导叶在各种水头和扬程下的移动速度特性相一致。当压力油油压降到允许的最低油压时，接力器的作用力必须能够克服可能出现的作用于导叶上的最大水力矩、操作机构的最大摩擦力矩。当一个或几个导叶偏离其位置时，接力器能操作关闭其他导叶。

接力器活塞必须有足够的行程，至少留有 8%的余量，保证导叶从全关到全开所需的全部开度。接力器应设计成在关闭方向稍有一点行程余度，以便在关闭时提供导叶压紧力，减少漏水。接力器活塞杆应采用螺纹或其他可微量调整活塞杆长度的形式。

应配置合适的排油管路及阀门，用以在检修时排除接力器两端的存油，并能泄放空气。接力器的进排油压应是可测量的。每个接力器的两端应配置监测压力用的接头。

应在导叶接力器关闭的终端设置缓冲装置，以缓冲导叶的最终关闭速度，避免设备疲劳和损坏。

为了使导叶可靠地固定在关闭的位置上，应为接力器提供合适的能安全可靠工作的自动液压锁定装置，并带开启和关闭位置的限位开关，能抵御导叶可能经受的最大水力矩和导叶接力器在最大操作油压下可能给此装置的最大作用力。锁定装置可在现地手动操作和远方操作。另需设一个仅用于手动操作的接力器开启和关闭位置的专门机械锁定装置，该装置仅在维护工作（检查导叶和转轮进口）时用，以保证人员安全。

接力器上应设计有电气反馈机构、位移传感器，以及与导叶位置开关、分段关闭装置相连接的装置。接力器应考虑除导叶开度传感器安装位置外，还要预留用于机组功角测量系统所需的导叶开度传感器的安装位置。如采用单导叶接力器，应能将每个导叶的开度值引入电站计算机监控系统。

水泵水轮机的所有接力器部件制造加工完成后应在制造厂内预装，并进行耐压试验。试验压力为设计油压（6.3MPa）的1.5倍，保持30min，然后将压力降到设计油压，保持30min，接力器不得出现漏油现象，不得出现任何损坏或产生有害变形。

3.2.5.12　机坑里衬

机坑里衬由座环处起延伸到发电电动机下机架，用钢板制作，浇筑混凝土时，作为模板使用。钢板厚度不得小于12mm。机坑里衬分节运输，并应按给定的运输限制尺寸尽量减小分节数。在现场将分节机坑里衬焊接或用螺栓把合，并与座环和发电电动机下机架相连接。

设置足够数量的安装里衬用的拉紧螺栓，并在里衬的外部标记拉紧螺栓的位置，便于现场焊接。里衬的外部应有足够数量的锚筋和肋板。

对于采用两个导叶接力器的布置形式，应参照厂房布置图所示位置，在机坑里衬上开一个进人门或设备运输通道，并应开设两个接力器坑孔且与接力器坑孔焊接在一起。机坑内设置凹式布置的照明装置。

在机坑内设置外形美观、带有栏杆并用防滑钢板（铝合金）制作的通道、平台、楼梯踏板，以便于运行巡回检查和检修。所有通道、平台和楼梯踏板应是分块的，能方便拆掉其中的一块且不会影响其他部分的承力和稳定。

在每一台机组下机架设置2个行走小车、2个手拉起升葫芦、井字起吊构架及环形吊轨，操纵者站在机坑里衬平台上应能方便操纵。手拉葫芦的起重能力应根据拆换水泵水轮机导轴承、接力器及导叶操作机构部件和导叶的最大重量确定，该起吊设备应能将水泵水轮机导轴承、活动导叶运至水轮机层。

通过机坑里衬的管路应在机坑壁上焊有固定法兰（支架），用法兰连接。在机坑壁上设有调速系统油管的专用孔洞，采用非预埋布置。机坑里衬设置不锈钢自流排水管路，以满足机坑事故排水要求。排水直接引到电站厂房底部的排水总管或排水廊道。

3.2.5.13　尾水管

根据水泵水轮机水力性能的要求，配置相应高度形状的弯肘形尾水管，全部钢板衬砌。尾水管出口尺寸应和尾水（支洞）接口处尺寸一致。钢板里衬包括从尾水管进口到下游侧沿尾水管中心线离机组中心一定距离处的尾水洞入口为止，并包括安装到泄流环的凑合段，钢板里衬应承受可能发生的最大尾水压力和压力脉动，里衬厚度应不小于22mm，里衬材料与尾水洞钢衬材料相同。尾水管进口长度不小于2m的锥管段应用不锈钢板材料制作，且不锈钢材料至少延伸到尾水管进人门下方500mm处。

尾水管里衬设计应能抵御尾水管水流脉动压力和过渡过程可能产生的最大水压力。在任何运行工况下都能安全可靠地工作，不得产生有害振动和过大的噪声。尾水管里衬内表面应光滑平整，没有波浪、变形、凸起或凹陷及其他不规则形状。焊缝要打磨光滑，并进行无损探伤检查。

应在工厂完成全部尾水管里衬的焊接和试装，并完成分节现场焊接的准备工作。应采取有效措施防止分节尾水管里衬在运输过程中产生变形。每节尾水管里衬应设置便于吊运的吊耳。

尾水管里衬应有足够数量的安装用千斤顶和支承件，以便于安装时位置调整和找正。尾水管里衬外部应有足够数量的锚固拉紧螺栓，应对拉紧螺栓位置予以标记。

尾水管里衬较低的部位应开有足够数量的混凝土回填孔、灌浆孔和排气孔，以及封堵用的封头、盖板和焊接材料。焊缝应进行无损探伤。

尾水管上部锥管段应设有圆角长方形进人门，尺寸不小于600mm×800mm。进人门四周应有补强和防止开裂的措施。门的下部应设有检查积水的小旋塞。进人门应铰接，门向外开启。进人门及其销钉、紧定螺栓均由不锈钢材料制作。进人门应带有把手、顶起螺栓、垫圈和密封件，进人门的内表面应与锥管的内表面在同一曲面内。进人门的布置位置、高程应与厂房布置相适应。

在尾水锥管处应设计可拆卸的检修平台，以便于不拆顶盖就能从尾水锥管处观察和检修水泵水轮机转轮。检修平台采用铝合金材料，并应有足够的强度和刚度，能承受的荷载不得小于$3kN/m^2$。检修平台应能方便地由尾水管进人门搬运和在尾水管内拆装。尾水管里衬上应有有效可靠的支撑措施便于架装检修平台。这些支撑应不影响尾水管内壁和水流的光滑和平顺。全厂水泵水轮机一般设两套尾水管临时爬梯，以便于从尾水锥管进人门下至尾水管底部。

应在尾水管里衬上为下列管道开孔。开孔处均需补强。

（1）充气压水接口（如有）：应在尾水管的适当位置设置适当数量的充气

压水接口，能平稳地进行水泵工况启动或调相充气压水。所有管路及附件应采用不锈钢材料。

（2）尾水管排水接口。应在尾水管的最低部分开设一个排水孔，开孔应通过在厂内加工的补强板，不能直接开在尾水管上。应为排水口设置网格拦污栅，并配一套液压或电动排水球阀，球阀由不锈钢材料制成。每台机组的排水口至排水阀之间应设置独立的排水管。

（3）泄流环和底环排水管接口。为消除水泵水轮机在空气中运转时导叶后部的水环和振动，应在尾水管上设导叶漏水排水管接口，用不锈钢管与设在泄流环和底环上的排水孔相连，将水排到尾水管中。钢管、阀门应有可靠的防振和防开裂的措施。

（4）水位信号器的接口。供机组水泵工况启动或调相运行时监测和控制尾水管中水位的水位信号器用。应在尾水管上设置水位信号器接口。

（5）水力测量测孔。尾水管里衬上应设置水力测量测孔，其位置与模型试验位置相对应，以测量机组的水头、扬程、压力脉动、水泵流量和尾水管各处的压力。

水力测量点的分布位置在尾水管进口、尾水锥管、肘管、尾水管出口。根据电站水头条件设计热力学法或超声波测量流量的方法，并应在尾水管上设计和配置相应的管路接口和阀门。所有测头应按 IEC 标准设计和布置。所有测点的测头均用不锈钢制作，并考虑材料强度和异种钢材焊接防裂问题。

（6）均压管接口、尾水管上应布置适当数量与顶盖相对应的均压管接口。

（7）用于压力钢管排水的排水口。

（8）用于机组技术供水排水管排水的排水口。

（9）其他接口。

3.2.5.14 数字化设计

在通用设备设计过程中，应开展三维数字化设计，并由各设备厂家提供三维模型。

3.2.6 机组自动化元件配置

3.2.6.1 概述

每台水泵水轮机应配有表 3-14 中所列仪表、自动控制和保护装置（包括但不限于表中设备），信号送至电站计算机监控系统和电站机组状态监测系统，以便对机组进行监视及控制。

表 3-14 每台水泵水轮机的仪表配置

序号	名称	单位	数量	输出量	用途/备注
1	压力变送器	只	1	模拟量+现地显示	监视引水钢管压力
2		只	1	模拟量+现地显示	监视蜗壳进口压力，并与序号 9 计算水头或扬程，与 11、12 项计算相对效率
3		只	1	模拟量+现地显示	显示蜗壳末端压力
4		只	1	模拟量+现地显示	监视转轮与导叶之间的压力
5		只	1	模拟量+现地显示	监视转轮与泄流环之间的压力
6		只	1	模拟量+现地显示	监视转轮与顶盖之间的压力
7		只	1	模拟量+现地显示	监视尾水管进口压力
8		只	1	模拟量+现地显示	显示尾水管肘管压力
9		只	1	模拟量+现地显示	监视尾水管出口压力，并与序号 2 计算水头或扬程，与 18、19 项计算相对效率
10		只	1	模拟量+现地显示	显示尾水管出口平均压力
11	蜗壳差压变送器和现地流量显示仪表	套	2	模拟量+现地显示	根据 Winter-Kennedy 法测量水轮机工况流量。差压变送器电流信号输出接入现地流量显示仪表和电站计算机监控系统现地控制单元。电站计算机监控系统应对流量进行记录和累计
11.1	蜗壳差压变送器	只	2	模拟量+现地显示	包括配套阀组
11.2	流量水头效率仪	套	1	模拟量+现地显示	
12	尾水管差压变送器和现地流量显示仪表	套	2	模拟量+现地显示	根据尾水管差压测量水泵工况流量。差压变送器的电流信号输出接入现地流量显示仪表和电站计算机监控系统现地控制单元。电站计算机监控系统应对流量进行记录和累计
12.1	尾水管差压变送器	只	2	模拟量+现地显示	包括配套阀组
12.2	流量水头效率仪	套	1	模拟量+现地显示	
13	压力变送器	只	1	模拟量+现地显示	显示上、下止漏环冷却水供水压力

续表

序号	名称	单位	数量	输出量	用途/备注
14	压力开关	只	1	开关量+现地显示	现地显示主轴密封供水压力，下限发信号
15	压力开关	只	1	开关量+现地显示	监视并现地显示主轴检修密封供气压力，下限发信号；开关量输出，断开开机回路
16	压力表	只	2	现地显示	显示水泵水轮机导轴承冷却水供水压力和排水压力
17	压力变送器	只	1	模拟量+现地显示	顶盖注水造压指示
18	温度计	只	2	现地显示	分别显示水导轴承和调速器冷却水（若有）出水温度
19	导叶漏水量测设备	套	1		导叶漏水量测量，各台机组共用一套设备
20	尾水洞（管）超声波测流设备	套	1		流量测量，每台机组设置测量埋件和传感器，各台机组共用一套终端设备（如采用热力学法，则取消该设备）
21	接力器行程传感器	只	1	模拟量	用于过渡过程时计算接力器不动时间及确定导叶关闭规律，信号送至机组状态监测系统
22	油位计	只	1		测量导轴承油位
23	主轴密封磨损监测	只	1		测量主轴密封磨损
24	温度计	只	2	现地显示	主轴密封环

所有仪表安装在专门的屏柜，仪表应设有防尘、防潮、防磁场干扰的外罩，压力表应有阻尼措施。在高压力和压力变化较大的地方所装设的压力表前应加装缓冲装置和排气装置。

3.2.6.2 水泵水轮机的仪表设备配置和自动化要求

（1）水泵水轮机自动化设备配置应满足机组各种运行工况及工况转换时水泵水轮机的监测和控制要求，确保水泵水轮机在各种运行工况和工况转换过程中安全、可靠和稳定运行。每台水泵水轮机的仪表设备基本配置见表3-14，其中模拟量输出为4～20mA，输入电站计算机监控系统。

表3-14中第1～12项为机组水力监视测量项目，为电站水力监视测量系统的一部分。机组水力监视测量主要监测压力钢管压力，蜗壳进口与末端压力，水泵水轮机水头/扬程，水泵水轮机流量，转轮与底环/泄流环压力，转轮与顶盖间压力，转轮与导叶间压力，尾水管进、出口压力，尾水管肘管压力。

（2）水泵水轮机自动化设备应配合电站计算机监控系统实现现地手动、现地自动和远方自动控制及数据采集的要求。

为了满足水泵水轮机能在自动控制情况下安全稳定运行，应配置水泵水轮机自动监测、监控和保护元件及装置，详见表3-15，其中：

1）模拟量输出为4～20mA。

2）测温电阻RTD（Pt100，采用三线制）引出至机组现地控制单元（LCU）供计算机监测（RTD模块）及温度测点指示器（温度指示及动作于保护）使用。

表3-15　　每台水泵水轮机的自动监测保护元件配置

序号	名称	单位	数量	输出量	用途/备注
1	示流信号器	只	1	开关量	监视水泵水轮机导轴承冷却水量，到CSCS，下限发信号，带现地显示
2	示流信号器	只	1	开关量	监视主轴密封供水量，到CSCS，下限发信号，带现地显示
3	示流信号器	只	2	开关量	分别监视上、下止漏环供水量，到CSCS，下限发信号，带现地显示
4	RTD	只		模拟量	水导轴瓦温度，分块瓦型式，每块瓦设有1个RTD，其中2块对称瓦各设2个RTD（其中1个引至温度测点指示器，用于保护）；筒式瓦，双方向设置不少于6个RTD，引至温度测点指示器，用于保护

续表

序号	名称	单位	数量	输出量	用途/备注
5	RTD	只	2	模拟量	水导轴承润滑油温度，其中一个引至温度测点指示器，用于保护
6	RTD	只	2	模拟量	水导轴承冷却水排水温度，其中一个引至温度测点指示器，用于保护
7	RTD	只	3	模拟量	主轴密封温度，其中一个引至温度测点指示器，用于保护
8	RTD	只	2	模拟量	冷却水总管供水温度，其中一个引至温度测点指示器，用于保护
9	油位信号器（带显示）	只	1	开关量＋现地显示	监视水导轴承油位，信号器带有上、下限电接点
10	油位传感器	只	1	模拟量	监视水导轴承油位
11	油混水报警信号装置	套	1	开关量	水导轴承油混水报警
12	导水机构锁定信号装置	套	1	开关量	监视导水机构锁定信号装置投入与退出
13	导叶剪断销破断信号装置	套	1	开关量	导叶拒动时发信号
14	导叶位置开关及位移变送器	套	各1	开关量模拟量	位移变送器模拟量输出到CSCS
15	尾水管水位信号器	套	1	开关量＋现地显示	用于水泵启动时压水或调相压水时监视尾水管中水位，带有上、下限电接点
16	压水自动补气装置	套	1		水泵工况启动压水和调相压水时自动补气装置，包括补气控制操作阀件
17	水泵工况启动及其他工况变换用程序装置	套	1		水泵工况启动及其他工况变换时，各部位气压、水压的监测、控制操作顺序的程序装置及元件、阀件等

续表

序号	名称	单位	数量	输出量	用途/备注
18	水位信号器	套	1	开关量＋现地显示	监视顶盖积水水位，带有下限和双上限电接点
19	机组旋转蠕动检测装置	套	1		检测机组非运转时，由于导叶漏水等原因而自动转动
20	位置信号器	套	1	开关量	监视检修密封投入和退出
21	自动控制排除导叶漏水的装置	套	1		当水泵水轮机在空气中运行时使用

（3）振摆和压力脉动测点。设置机组有关振动、摆度和压力脉动等有关测点传感器。振摆和压力脉动测点设置和要求等满足机组状态监测系统的技术要求。每台水泵水轮机的振摆和压力脉动测点基本配置见表3-16。

表3-16　每台水泵水轮机的振摆和压力脉动测点基本配置

序号	监测项目	测点数	备注
1	水导轴承 X、Y 向摆度	2	
2	水轮机顶盖 X、Y 向水平振动	2	
3	水轮机顶盖 Z 向振动	2	
4	蜗壳进口压力脉动	2	
5	转轮与顶盖间压力脉动	1	
6	转轮与底环间压力脉动	1	
7	转轮叶片与活动导叶之间的压力脉动	2	
8	固定导叶和活动导叶之间压力脉动	1	
9	尾水管进口压力脉动	2	
10	尾水管肘管压力脉动	2	
11	尾水管出口压力脉动	1	

第4章 调 速 系 统

4.1 设备选型原则

调速系统选型及配置总体应以技术先进、配置合理、安全可靠为原则，在满足相关国家标准、规程规范的同时，又能适应水电站机组特有的调节特性。

调速系统主要部件包括调速器（调速柜和电气柜）、油压装置、控制设备、压缩空气自动补气装置，以及各设备之间和调速器到导叶接力器之间的连接管路、阀门、阀件、表计、控制元件、监测元件和连接电缆、继电器和传感器等。

调速系统的功能应主要由微处理机来实现。微处理机接收转速信号、水头信号、反馈信号、同期装置的调节信号、计算机监控系统的操作指令和参数给定值，输出信号经过放大后作用于液压系统，以操作水泵水轮机导叶。

调速系统的油压装置应按 6.3MPa 压力等级设计。操作用油为中国产 L-TSA-46 汽轮机油（A级）。

调速系统应能对水泵水轮机实行自动控制和手动控制。控制方式由电气柜上的转换开关选择，分手动、现地自动、远方三种。在调速柜上也能按手动方式控制。

（1）自动控制。调速器能根据外部指令，进行水泵水轮机导叶开启、关闭、转速调整和输出功率调整，实现各种运行工况转换和稳定运行的自动控制。从一个伺服回路到另一个伺服回路应无干扰。

（2）手动控制。在机组试验或其他情况下，应能直接操作调速器柜面上的控制装置进行手动控制。

（3）运行中自动控制与手动控制相互切换、工作电源和备用电源切换，以及并联微机相互切换时，均不得引起扰动，导叶接力器开度变化不超过全行程的1%。

（4）调速系统的导叶控制回路应由直流和交流双回路供电。调速系统的导叶控制回路应既有在电源正常的情况下“得电关闭”的液压控制回路，又有在冗余电源均消失的情况下“失电关闭”的液压控制回路，实现导叶的“得电关闭”和“失电关闭”双回路冗余控制，以保证安全。

调速设备容量应保证机组可靠地开关导叶。在各种运行工况下，压力油罐内为事故低油压、导叶上作用着最大阻力矩时，应在导叶接力器最短关闭时间内，对接力器进行全行程操作。

4.2 主要技术参数和技术要求

4.2.1 主要技术参数

4.2.1.1 主要技术参数要求

1. 接力器操作时间

接力器全行程关闭时间 8～100s 可调；接力器全行程开启时间 15～100s 可调。开关时间同时应满足电站水力系统过渡过程计算的要求。导叶关闭速度可实现分段调整，分段要求根据水力过渡过程计算确定。

2. 参数调节范围

参数调节范围应满足机组稳定运行要求并在下列范围内连续可调：

（1）永态转差率 b_p：0～10%。

（2）调节参数：

1）参数体系1。比例增益 K_P：0～20；积分增益 K_I：0～101/s；微分增益 K_D：0～10s。

2）参数体系2。暂态转差率 b_t：0～200%；缓冲时间常数 T_d：1～20s；加速时间常数 T_n：0～2s。

（3）人工频率失灵区调节范围：±2%。

（4）转速、输出功率及开度调整范围：

1）转速-负荷说明在下列范围内组合：转速调节范围：（90%～110%）n_r；输出功率调节范围：0～115%。

2）开度给定整定范围：0～105%。

4.2.1.2 静态特性

（1）在接力器全行程范围内，转速对接力器位置的关系曲线应近似直线，非线性度导叶空载下应不大于2%。

（2）转速死区：在额定转速和任何导叶开度下，未能引起导叶接力器位置发生可测移动时的转速变化区不得超过额定转速的0.02%。调速器能够反应的最小转速变化对额定转速的百分值定义为转速死区的一半。

(3) 接力器不动时间：负荷突变（10%～15%额定输出功率）时刻从负荷突升25%额定负荷时起，到导叶接力器第一次可测移动的时间不超过0.2s。

4.2.1.3 动态特性

(1) 转速稳定：当水泵水轮机在空载额定转速运行时，其永态转差率为零，调速器应能保证转速持续波动值在±0.15%的额定转速范围内。当水泵水轮机以水轮机工况在孤立电网中运行时，在同一引水系统中的另一台机组处于稳定运行条件下，永态转差率等于或大于2%，调速器应能保证机组转速持续波动值在±0.15%的额定转速范围内。

(2) 功率波动：当机组在发电工况并入电网后带零到额定负荷间的任何负荷运行时，永态转差率整定在2%或以上，调速系统应保证机组输出功率持续波动值不超过额定输出功率的±1.0%。

(3) 功率整定精度：在电网频率为50Hz时的实际功率与整定功率（用电压测量）之间的偏差不超过额定功率的0.5%。

4.2.1.4 调节品质

(1) 机组甩100%额定负荷后能自动转至空载运行或根据设计要求到停机状态。

(2) 机组甩100%额定负荷后，在转速变化过程中，超过稳态转速3%额定转速值以上的波峰不超过2次。

(3) 机组甩100%额定负荷后，在同一引水系统中的另一台机组处于稳定运行条件下，从接力器第一次向开启方向移动起，到机组转速摆动相对值不超过±0.5%为止，历时不大于40s。

(4) 从机组甩负荷时起，到机组转速相对偏差小于±0.5%为止的调节时间 t_E 与从甩负荷开始至转速升至最高转速所经历的时间 t_M 的比值应不大于15。

4.2.1.5 功能性技术要求

调速系统至少应有下述功能：

(1) 控制功能：

1) 快速频率跟踪：机组频率对电网频率快速跟踪，以便在开机过程中缩短并网时间。机组转速达到95%额定转速时，投入跟踪器。

2) 频率稳定：使机组频率自动保持在给定频率，波动值在规定范围内。

3) 输出功率调整：调整机组输出功率并保持在给定值，其波动值不超过所规定范围。应具有有功功率闭环控制功能。

4) 优化：机组在水泵工况运行时，根据扬程控制导叶开度以达到高效率的要求。被测效率与最大可能效率间的差值应优于-0.2%。当频率在正常范围以外时，在任何运行工况下，根据扬程和电网频率控制导叶开度，以避开不稳定区，同时将空蚀损坏减到最小。

5) 在水轮机工况开机时，应能根据净水头自动确定最佳的相应空载开度，以加快并网。并网后可根据净水头和功率整定点控制导叶开度，以实现最大输出功率要求。

6) 调速系统应能够随净水头变化自动控制负荷，输出功率值应根据预先编制的水头和输出功率关系的程序给出。调速器自行调节参数和控制单元，实现在整个运行范围均能以相应的最优参数和最佳控制参与调整。

7) 开停机：正常的自动和手动开机、停机和事故停机。各种开机方式应与水轮机、水泵、调相工况，包括"背靠背"（如有）启动的运行方式和各工况间的快速转换相适应。

8) 紧急停机电磁阀动作引起的停机，应根据运行方式并以适当的关闭规律关闭导叶，以满足水力过渡过程的要求。

9) 一次调频功能。

(2) 调速器应具有下列在线自诊断功能和容错功能，并以适当的方式明确指示故障：

1) 数/模转换器和输出通道故障诊断；

2) 模/数转换器和输入通道故障诊断；

3) 反馈通道故障诊断；

4) 液压伺服系统故障诊断；

5) 程序出错和时钟故障诊断；

6) CPU和总线诊断；

7) EEPROM和RAM诊断；

8) 控制设备故障和测量信号出错诊断；

9) 事故切机回路故障诊断；

10) 操作出错诊断。

（3）调速器应具有下列离线诊断功能：

1）数据采样系统的精度检查；

2）数字滤波器的参数检查和校正；

3）调节参数检查；

4）程序检查；

5）修改和调试程序。

（4）故障保护：如调速系统故障性质仍属允许其继续运行，应保持机组原运行状态并不影响机组正常和事故停机功能。故障信号应明确显示并送往电站计算机监控系统，故障消除后自动平稳地恢复工作。

（5）速度检测和保护：调速器应对机组从静止到最大飞逸转速的全部转速变化范围进行监测。对设定的转速越限值作出反应，同时经逻辑输入/输出接口输出越限信号。当机组并网运行时，机组测频信号中断应自动切换到电网测频通道，保持调速系统正常运行，并发出故障报警信号。速度检测装置应具有转速信号或电源消失后防止转速信号开关误发信号的功能。

（6）加速度检测和保护：调速器应对机组开机过程中的加速度进行监测，并根据设定的加速度值作出保护性反应；当发生越限时，应经逻辑输入/输出接口输出越限信号。

4.2.2 主要部件技术要求

调速器应是比例、积分、微分调节规律为基础的数字式电液调速器，即微机调速器，采用双微机交叉冗余容错自动调节系统。调速系统应包括冗余数字式控制单元、冗余电液执行机构、冗余反馈装置、冗余功率反馈回路、两套测速装置、转速继电器、水头信号、压力油罐、集油箱、油泵、补气装置以及漏油箱和附件。

数字式控制单元和相应的电气回路插件布置在一个柜内，称“电气柜”。电液执行机构和其他液压元件可集中在另一个电液伺服柜内，称“调速柜”，该柜也可与其他设备安装在一起，但应设计合理，调试、操作、维护方便，并保证运行安全。压油装置与集油箱可组合在一起。

各部分主要部件主要技术要求如下。

4.2.2.1 微处理机

（1）调速系统应配备与其需要完成的功能相适应的微处理机系统，该系统采用双微机交叉冗余容错结构，有两套独立的微处理器、电源、输入通道、输出通道、显示、控制部分等，在故障时可以无扰动地实现自动切换，平常也可以人工干予实现手动切换，以便提高可维护性和可利用率。同时也可以容忍两个单机的不同模块故障情况（容错），交叉构成正常的调节器，使调速器能正常工作。对于元器件引起的双通道输入输出差值过大，应进行报警，并采取有效措施防止事故扩大。

（2）微处理机应为高可靠性、低噪声、低功耗和抗干扰能力强的工业微机。

（3）调速器控制系统应提供两个冗余的以太网通信接口与电站计算机监控系统进行通信。对于涉及安全运行的重要信息、控制命令和事故信号，还需通过硬布线 I/O 直接接入机组 LCU。调速器控制系统与电站计算机监控系统的通信介质宜采用光缆，应配套提供本侧的通信接口和光电转换装置等设备，并应满足电站计算机监控系统对通信接口及通信协议等的要求。调速器控制系统还应提供一个与可编程调试终端的通信接口。

（4）微处理机软件应能满足多级中断响应、调节计算、逻辑控制、数据采集、信息交换、故障诊断、容错功能等要求，并能采用通用高级计算机语言和梯形图逻辑、功能模块逻辑或相当的图形编程方法。

4.2.2.2 电液转换器

（1）电液转换器采用冗余的比例阀型式，在符合规定的条件下应能正确、可靠地工作，死区不得超过规定值。在正常工作油压范围内，接力器不应出现蠕动和摆度。

（2）电液转换器宜直接驱动主配压阀，并应有一定的自洁能力和抗污染能力。

（3）电液转换器应具有良好的线性度和对称性以及高灵敏度，满足调速系统的性能要求。应为高灵敏度运行而设计一个特殊装置（如旋转和轴向振荡），以保证引导阀正确动作。

（4）在电液转换器的进口应设置双滤油器。为在运行时清洗滤油器，滤油器应能切换和拆卸。滤油器应设置堵塞指示信号和报警接点。

（5）电液转换器应在电源消失和油压消失时具有使接力器关闭的趋向。

4.2.2.3 主配压阀

（1）主配压阀应动作灵活、可靠，能有效地控制油流，并满足开、关接力器时间的要求。

(2) 对接力器开、关时间的整定应满足水泵水轮机过渡过程计算结果的要求，在任何情况下导叶动作速度不超出整定后的最大容许值。这种整定必须方便又可靠，一经整定后必须加以锁定，不会因运行中的振动或人为过失而变动。

(3) 调速系统应设过速限制器（事故配压阀），在调速器主配压阀发卡，机组转速上升至设定转速情况下，经一定延时，动作过速限制器，关闭导叶。过速限制器装于调速系统操作油管路上。

4.2.2.4 油压力切断装置

导叶关闭锁定后，应自动切断至主配压阀和液压系统元件的油压。截止阀采用油压操作，并在紧急情况下能手动打开。此装置应快开慢关，由直流脉冲信号控制，不需连续供电就能保持其中某个位置，在手动操作柜面上应有“有压”和“无压”的标记指示。

油压力切断装置和其他元件的配置，应有利于导叶锁锭充分地投入或退出。

4.2.2.5 测速装置

机组转速测量采用机端残压测频和齿盘测速方式，该装置转速信号为1路机端残压测速信号和2路齿盘测速信号。机端残压测信号取自机端电压互感器，当有转动部件时，应能承受包括最大飞逸转速所产生的最大应力。测速范围为0～200%额定转速，测速误差不大于0.01%。测速装置应不受电压波形畸变影响，水泵工况变频启动时仍能正常工作。

4.2.2.6 电气转速信号装置及转速开关配置

(1) 电气转速信号装置接收测速装置的转速信号，产生电气转速开关信号及模拟信号，用于机组控制系统。

(2) 电气转速信号装置应提供足够数量的电气转速开关，满足机组控制和保护的需要，并留有两只以上的转速开关备品。转速开关的转速采用齿盘测速和机端残压测速，这应独立于调速器的转速信号输入。

4.2.2.7 机械过速保护装置

机械过速保护装置采用纯机械液压型式，装于机组主轴上，应能在压力油作用下通过事故配压阀直接迅速关闭导叶和作用停机，具有柱塞式离心过速摆和机械液压阀结构。该装置作为机组后备保护，其动作值应在额定转速的115%～160%范围内可调，整定值的实际动作误差应小于2%，并具有良好重复性。机械过速保护装置应能在机组可能的最大飞逸转速下安全工作。该装置安装在主轴上，应能在压力油作用下直接迅速关闭进水阀和导叶，并作用于事故停机。

4.2.2.8 反馈装置

(1) 系统应设置一套接力器位置反馈装置。该反馈系统为两套电气式反馈系统，一套工作、一套冗余。

(2) 系统应设置一套功率反馈装置。它包括一个变送器和其他电器设备。

(3) 接力器位置反馈或功率反馈应能用微机程序处理。

(4) 调速器应设置一套水压反馈补偿装置，以能进一步改善水泵水轮机调节系统的动态品质，当水压信号消失或故障时，应不影响调速系统性能要求。

(5) 调速系统内包括一套电气柜内的电气导叶开度限制装置和机械柜内一套开度控制装置。在导叶全开度范围内可手动整定，限制导叶开度于任意值。同时应提供一定数量的独立的、不接地的导叶位置开关，在全行程范围内可将接点设置成闭合或开启。

(6) 导叶的操作应能满足与尾水事故闸门的闭锁要求，即只有在导叶关闭时才可以进行闸门的关闭操作；只有在闸门全开时，才可以进行导叶的开启操作；当尾水闸门非正常下落时，导叶必须能立即关闭。

4.2.2.9 分段关闭装置

当导叶及其操作机构通过两个双向作用活塞型接力器操纵时，调速系统应根据需要配置分段关闭装置，分段数应满足水力过渡过程计算得出的分段数。当导叶及其操作机构通过多个双向作用活塞型接力器操纵时，需考虑采用合适的装置来保证事故紧急停机时的机组安全稳定性。

4.2.2.10 操作装置和仪表

(1) 调速系统应配置操作及人工监视所必需的操作装置（包括事故停机按钮，应加防护罩）和仪表，安装在相应柜的屏面或里面，安装位置要便于观察、操作和维护。

(2) 调速系统电气柜上至少应配备有转速表、导叶位置及开度限制指示表、净水头指示表、扬程指示表、有功功率表、永态转差率指示仪表等。

(3) 调速系统机械柜上至少应有转速表、电液转换器油压表（过滤器前、后）、平衡电流表、导叶位置及开度限制指示仪表，并提供一个开度限制按钮，可手动操作。

4.2.2.11 净水头传感器

调速系统应设置一套用于每台机组的净水头传感器，用来显示并选择最佳导叶开度。

4.2.2.12 调速系统电气柜

（1）电气柜为地面安装式。前后有为维修和调整用的门，门应密封防尘并装有门锁。柜内应设有自动温控防潮加热设备。电气柜应由布置在柜正面的仪表、指示灯、操作手柄、按钮及柜内的接线和端子排组成。

（2）调速系统电气柜设有人机对话接口设备。人机对话接口设备应嵌装在柜面，以便直接操作。该设备应适用于工业环境，具有高可靠性，良好的防尘、抗震、抗电磁干扰性能。人机对话接口设备采用液晶触摸屏，尺寸满足相关要求。

（3）柜内应有接地母线条供电气柜单独接地、柜内接线接地和柜外电缆屏蔽接地。

4.2.2.13 调速柜

（1）盘柜应有整齐、美观的外表，并有足够的刚度和牢固的基础结构，不应由于液压件动作和高速油流引起明显振动。

（2）盘柜应设有良好封闭的门孔，便于设备的调试、操作和维护。在柜的底面或其他合适的位置有接线端子和管路接口。柜内压力油管接头不应渗漏油，柜底集油盘应保证不会让油溢漏至下方厂房或设备。

（3）盘柜应容纳电液执行机构及其他液压元件。内部设备布置应便于任一单件调整和装拆。

（4）柜内油管及电线布置应整齐、牢固，主油管和控制油管应分开布置。

（5）调速柜外表面底层均应彻底清除全部锈蚀、油脂、脏物和氧化皮，打好适当的底漆后打光，喷涂瓷漆和耐油漆。内表面应刷涂合格的耐油漆，裸露的金属手柄均应进行装饰镀铬。

4.2.2.14 油压装置

（1）系统。每台水泵水轮机调速器需设置一套独立的油气压力油罐和操作供排油系统。液压油系统设备及管路的设计压力不低于最大系统运行压力的1.15倍，且管路系统的设计压力不低于10.0MPa。油压装置主要包括油泵组、油泵控制柜、压力油罐、集油箱、液压阀组等，除压力油罐外，其他部件集成布置在一起，如图4-1所示。油泵、油泵出口过滤器、相关控制阀门及管路、主配压阀及事故配压阀等布置在集油箱顶部，油泵控制柜布置在集油箱侧面，导叶锁定电磁阀、比例阀、温度传感器、油混水信号器、磁翻板液位计、压力开关、压力传感器等主要液压元件集中布置在集油箱侧面内嵌封闭空间内。主要操作阀门区域设置可视窗口，整体布置紧凑，防尘、检修维护方便。机械液压系统中应有合适的油过滤装置，油过滤器前后应设有差压变送器，当差压过大时应发送报警信号。液压部件的设计应有防震、防卡及防止油黏滞的措施，以保证机械液压部件能正常地工作。

图4-1 调速器油压装置典型布置（不含压力油罐）

（2）油泵组。

1）油压装置应有两台相同的主油泵（互为备用）以及一台增压（辅助）泵。每台主油泵每分钟的供油总量不应小于导叶接力器总有效容量的2倍，增压泵的容量不应小于系统计算总漏油量的2倍。油泵由50Hz三相感应电动机直接驱动，并设计成可连续工作。若电动机功率超过30kW，应配置软启动器。

2）每台油泵应配有卸荷阀、安全阀、截止阀、止回阀和用于自动启停油泵的压力开关。当压力达到最大正常工作油压时，卸荷阀动作旁泄。安全阀应有足够的容量，作为卸荷阀的后备保护。

3）油泵驱动电动机的控制设备应采用PLC控制，每台油泵都应能选择处于自动、切除和手动工作方式，指示灯应能明确显示各油泵的状态和故障等信号。

（3）压力油罐。

1）压力油罐应为钢板焊接结构。压力油罐的设计、制造、试验和验收均应依照 GB 150、《压力容器安全技术监察规程》和国家电网有限公司《发电厂重大反事故措施》，或 ASME 标准《锅炉和压力容器规程》第Ⅷ章第 1 部分进行，其设计压力应不小于最大运行压力的 1.1 倍。

2）压力油罐容积应足够大，以满足以下要求：若油压在工作油压的下限，油泵不启动，接力器完成三个全行程的动作（一个全行程是指导叶从全关到全开或反之）后，油压应高于紧急低油压。此外，在紧急低油压下接力器能从最大导叶开度关闭导叶。在调速器额定工作油压时，罐内油容积和空气容积之比约为 1∶2。

3）压力油罐应配有相应的自动化元件和阀门。压力油罐补气和停止补气可通过自动控制，也可手动操作。

4）除了压缩空气和安全阀接头外，压力油罐所有油管的罐内头部都应安装在低油位以下，防止低油位时压缩空气进入调速系统供油管道。油罐应设置进人孔（可内开或外开）、底部带阀门的排油管、吊环和底座，清扫和检修压力油罐时，可以通过底部的排油管将压力油罐内的油排至集油箱。

5）在油罐上设置的手动放气阀门用于调整油气比例时使用。油罐上的所有外接接口均应具有足够的强度，以保证安全。

6）压力油罐油位计应采用钢质磁翻版液位计或由其他不易老化破裂的原材料生产的液位计，禁止采用塑料浮球、有机玻璃管型磁珠液位计。作用于停机的信号应整定可靠，防止误动。

7）压力油罐内外表面均应做可靠防腐和油漆。

（4）集油箱。

1）集油箱应为钢板焊接箱形结构。集油箱应无裂纹、开缝或盲孔。所有焊缝应连续，并经渗漏试验。

2）集油箱应有检修用合适的进人孔口，并装有合格的网状过滤器和单独的油泵吸油过滤器。网状过滤器或吸油过滤器应能方便地拆下清理，而不用排空集油箱。集油箱应设有相应的自动化元件、化验取样接口和阀门，以及循环滤油用的接头和阀门等。

3）集油箱的容量应能容纳机组调速系统全部油量的 1.1 倍。集油箱如配置冷却器，冷却器应能在规定的冷却水压力下安全工作而不出现任何渗漏。

4）对于高度超过 1.8m 的集油箱，如不采用沉入式布置，顶部应设置安全护栏。

5）集油箱内外表面均应做可靠防腐和涂漆。

（5）漏油箱（如有）。

1）漏油箱主要包括油泵、自动控制设备及控制箱，用来收集调速系统和辅助系统操作阀件的漏油，并将漏油打回集油箱。该油泵应由油位信号器控制，以保持漏油箱油位在允许范围内。油泵控制方式采用“自动—手动—停止”三挡，并应有油位过高启动漏油泵，并发出保护警告信号。

2）漏油箱应布置在可能的最低位置。漏油箱内应配有易于清洗的滤网。

3）漏油箱内外表面均应做可靠防腐和涂漆。调速器的漏油箱可以与进水阀共用。

（6）管路及固定件。系统所有管路应采用不锈钢无缝钢管及管件。管路制作尽量采用工厂化制作。

4.2.2.15 电缆

调速器压力油罐、集油箱、漏油箱附属仪器、仪表的电缆应配置专用槽盒，布置需美观、整齐。

4.2.2.16 数字化设计

在通用设备设计过程中，应开展三维数字化设计，并由各设备厂家提供三维模型。

第5章　进　水　阀

5.1　设备选型原则

5.1.1　进水阀的选型原则

抽水蓄能电站进水阀位于电站引水系统和机组蜗壳进口之间，参与机组开停机及工况转换等过程，操作频繁，可靠性要求高，必须具有动水关闭或开启的能力，是抽水蓄能电站非常重要的设备。

进水阀的型式有球阀和蝶阀，考虑抽水蓄能电站进水阀的工作特点，一般情况下优先选用球阀。考虑到目前国内抽水蓄能电站进水阀大部分采用球阀，所以本章以球阀为例进行编写。

5.1.2　进水阀主要技术参数选择

进水阀的技术参数主要有公称直径、设计压力、试验压力等，其主要选择原则如下。

(1) 公称直径。进水阀的公称直径根据蜗壳进口的流速来选择，一般与水泵水轮机蜗壳的进口直径相同。国内抽水蓄能电站进水阀过流流速统计曲线如图5-1所示。

目前世界上已制成的进水阀最大直径达4m，我国采用最大球阀直径为3.5m，为白莲河抽水蓄能电站。

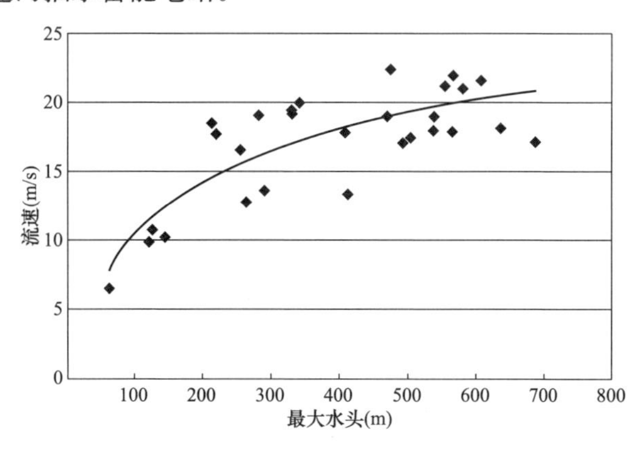

图5-1　国内抽水蓄能电站进水阀过流流速统计曲线

(2) 设计压力。进水阀的设计压力根据调节保证设计值来选择，一般与水泵水轮机蜗壳的设计压力相同。其值不低于机组水力过渡过程时，进水阀水平中心线处在过渡过程中所产生的最大压力。

(3) 试验压力。

1) 进水阀本体、上游连接管、伸缩节及旁通系统（如有）应进行强度水压试验在工厂内进行强度水压试验时，试验压力为设计压力的1.5倍；活门的试验压力为设计压力的1.2倍，密封的试验压力按密封工作中可能承受的最大压力考虑，如对于一管两机机组，考虑同一输水系统内另一台机组甩负荷在本台机组进水阀前产生的最大压力，对于单管单机机组，考虑进水阀最大静水压。密封的性能能够满足活门水压试验正常进行而不损坏。

2) 活门进行耐压强度试验时，应分别按照检修密封投入、工作密封退出和检修密封退出、工作密封投入两种工况进行。

5.2　主要技术参数和技术要求

5.2.1　进水阀主要技术参数要求

根据抽水蓄能电站的特点，进水阀的主要技术要求如下：

(1) 进水阀设计压力：与蜗壳进口段设计压力相同。蜗壳进口最大压力合同保证值为水力过渡过程计算结果考虑压力脉动和计算误差修正后的值，进水阀设计压力在该合同保证值基础上需考虑一定的设计余量（3%～5%）。

(2) 进水阀公称直径：应与蜗壳进口直径相同，按机组流量，结合该电站水头下的流速来复核计算；宜按50mm的单位进行递增。

(3) 进水阀每天操作次数：不小于10次（按开、关为1次计）。

(4) 进水阀操作要求：能动水关闭。

(5) 进水阀开启时能承受的两侧压力差：不小于30%。

(6) 全行程开启时间（含旁通阀及工作密封开启时间）：40～100s。

(7) 全行程关闭时间（含旁通阀及工作密封关闭时间）：40～100s。

(8) 工作密封和检修密封漏水量：满足《水轮机进水球阀选用、试验及验收规范》要求。

(9) 进水阀寿命：不小于50年。

5.2.2 进水阀的总体结构

球阀主要由阀体、活门、阀轴、轴承和密封装置以及阀的操作机构等部件组成。

进水阀安装在引水压力钢管和水泵水轮机蜗壳之间，蜗壳与进水阀之间一般设置伸缩节，以防止水锤轴向力传递到蜗壳和厂房混凝土，由压力钢管承受进水阀关闭时的轴向力。同时，进水阀底座一般为滑动式，在承受轴向压力时，可以适当移动，配合伸缩节的使用，使进水阀不会受到扭转应力。进水球阀的典型结构如图5-2所示。

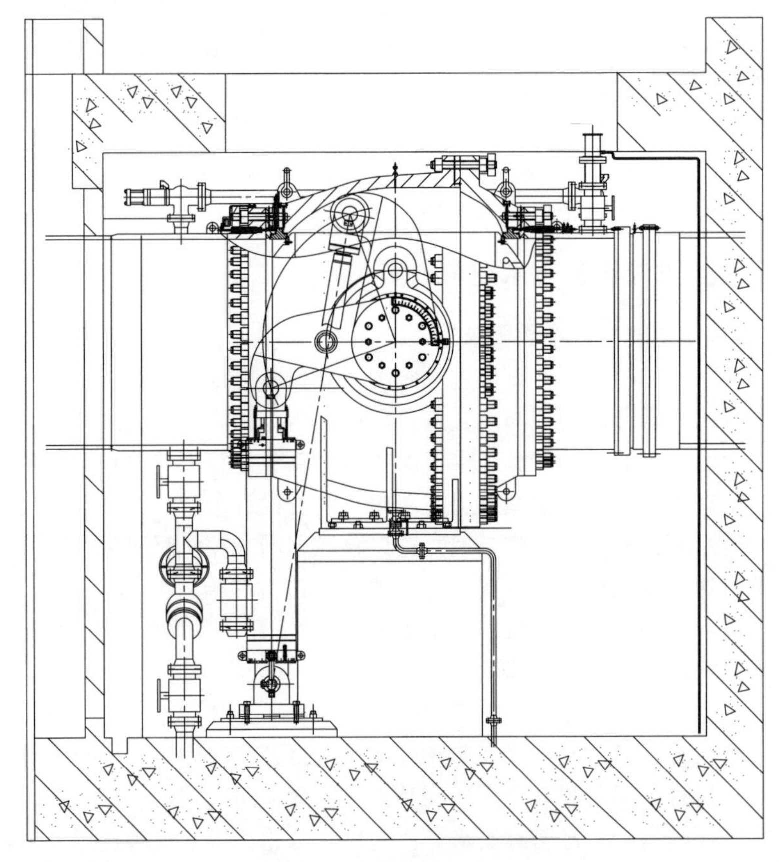

图5-2 进水阀典型结构图

球阀按阀体结构不同可分为偏心分瓣式、对称分瓣式、斜向分瓣式和整体式等几种。大型球阀枢轴一般为卧式布置。

阀体和活门可以采用铸造结构，也可以是焊接结构，如泰安、宝泉、惠州抽水蓄能电站即为焊接结构。焊接结构的加工质量较铸造结构易于控制，但铸造结构有利于防振，各有优缺点。

大中型水电站进水阀的启闭一般采用液压操作机构，一般有摇摆式直缸接力器、套筒式直缸接力器、环形接力器和刮板接力器等四种型式。摇摆式直缸接力器结构简单，适用于卧轴布置。目前国内的大型抽水蓄能电站都采用这种接力器。此外，为了提高进水阀事故关闭的可靠性，有的电站进水阀在轴端设置重锤机构，以便在液压系统或电源故障时，可由重锤机构使进水阀自行关闭，如天荒坪、宜兴、琅琊山电站均设置了重锤机构，但重锤需要较大的布置空间，结构相对比较笨重。球阀接力器操作介质可以是油或水。其中，广蓄Ⅰ、Ⅱ期，清远等抽水蓄能电站采用水压操作，国内其他抽水蓄能电站进水阀液压操作系统基本采用油压系统。

对于大、中型抽水蓄能电站的进水阀，推荐接力器采用双摇摆式直缸接力器，油压操作方式。考虑到进水阀设置了失电关闭回路，另外考虑到空间布置，一般无须另外设置重锤。

5.2.3 进水阀主要部件技术要求

5.2.3.1 阀体

阀体由铸钢铸造（铸焊）或钢板焊接而成。阀体可以是分半铸造、待活门装配后焊为整体的结构，也可以是阀体前后大小瓣、采用法兰螺栓连接的结构，如图5-3、图5-4所示。当采用前后大小瓣结构时，应保证枢轴孔为一个整体。

允许进水阀沿压力钢管轴线方向相对于基础板有微小位移，而不得损坏或擦伤地脚螺栓、螺母。

各法兰面的密封需采用高强度密封条，密封的设计应考虑阀体水压试验工况。

5.2.3.2 活门

球阀活门由优质铸钢铸造（铸焊）或钢板焊接而成，呈圆筒形。活门与枢轴采用螺栓把合，或一起整铸或锻制枢轴组焊而成，如图5-5所示。活门应具有足够的强度和刚度承受在任何关闭水流工况产生的最大水推力及活门拒动时操作机构作用在枢轴上可能的最大扭矩，而不产生有害变形。

图 5-3　铸焊阀体典型结构图

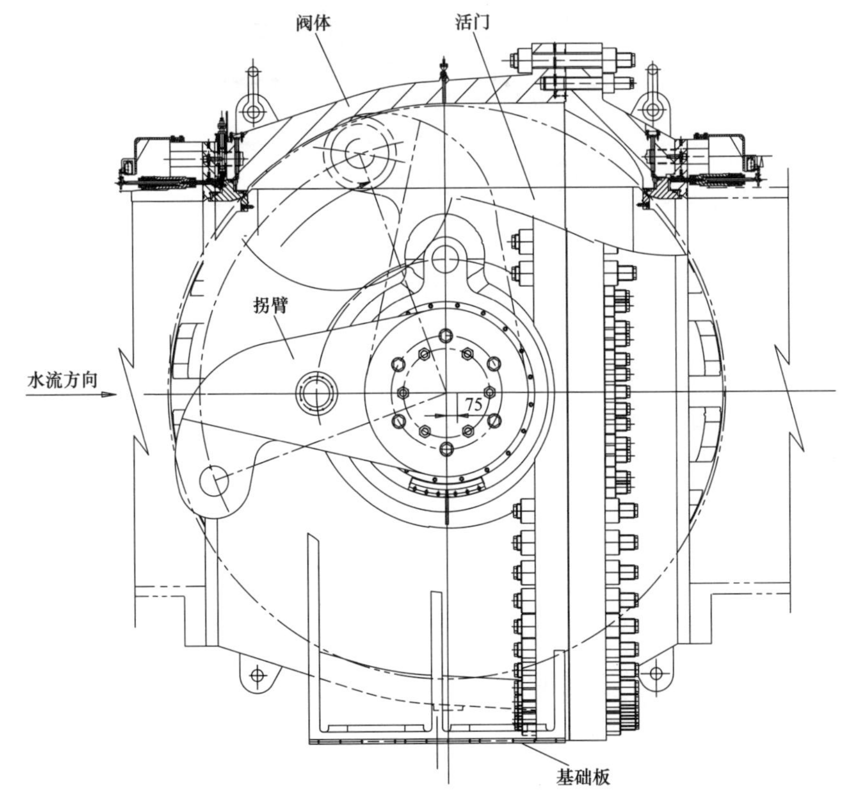

图 5-4　偏心分半阀体典型结构图

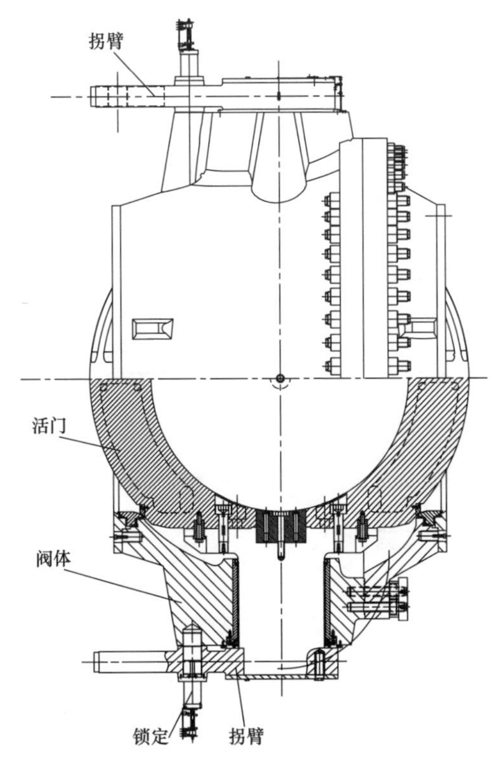

图 5-5　活门、枢轴螺栓连接典型结构图

枢轴上与衬垫材料、轴承及密封相对应的部分应覆以不锈钢。

5.2.3.3　轴承和润滑

进水阀轴承应由阀体完全地支持，轴承嵌套和轴瓦应安放在阀体的轴承座内。轴瓦应可靠地镶嵌在轴承钢套内。轴套与阀体之间应设有销钉或螺栓等固定方式，确保两者不发生相对位移。轴承嵌套和轴瓦应能在承受枢轴的最大径向压力时，保证枢轴正常转动而不产生擦痕或有害变形。轴承应采用有效、可靠的填料和密封结构，以使得渗漏水量减至最小，并防止轴承外部的物质（如水流中的沙子）进入轴承。轴套的外侧应设置密封，防止流道内的压力水进入轴套外侧。密封填料应保证有长的使用寿命并能在活门承受可能发生的最大水压时更换密封，而不拆开进水阀的主要部件。轴承嵌套应带法兰盘。应在枢轴外侧设置集水槽和排水管。

轴承材料采用自润滑材料，并在类似运行条件使用过证明是可靠和具有长期使用寿命的产品，建议采用铜基镶嵌型自润滑材质。根据应用情况，轴承采用铜基镶嵌的自润滑轴承，轴套材料可采用不锈钢或青铜。球阀枢轴典型结构图如图 5-6 所示。

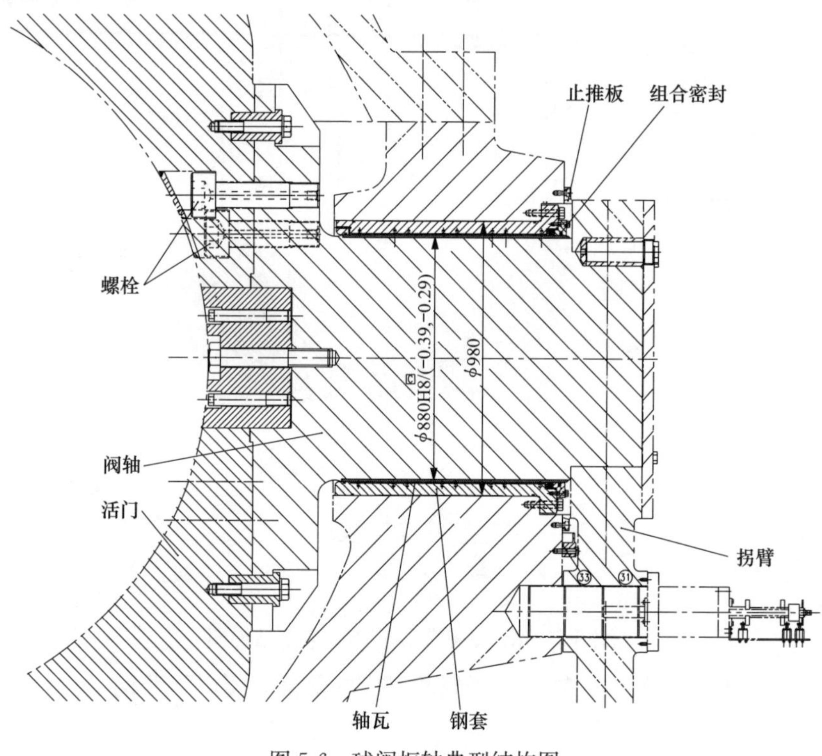

图 5-6　球阀枢轴典型结构图

5.2.3.4　密封

球阀的密封装置包括工作密封和检修密封，设在活门上、下游两端，下游端为工作密封，上游端为检修密封。进水阀密封装置应设计成可拆卸式结构，密封正常投入或水压试验时，需确保密封面压应力小于密封材料的屈服强度，且至少有 1.5 倍安全系数。

阀体上的密封导向面应用不锈钢衬护，厚度不小于 6mm。

上游侧检修密封由手动操作并设有防腐蚀机械锁定装置。此外，检修密封还应具有投入腔水失压后的自身液压锁定功能。工作密封应用液压锁定装置锁定。

工作密封和检修密封盘根应是整条，材料为聚氨酯。密封形式有 U 形或 D 形等。上游法兰面与压力钢管之间的密封和下游法兰与延伸段的密封采用双 O 形圈，不允许采用角密封。密封中间环与阀体法兰及伸缩节、延伸段法兰之间的连接面应设有止口。

密封环一般采用不锈钢材料，如 ZG06Cr13Ni4Mo、ZG06Cr13Ni5Mo 等；密封座的材料可采用不锈钢或锻钢材料，如 06Cr19Ni10、ZG10Cr13、20Cr13 等。

工作密封典型结构如图 5-7 所示。

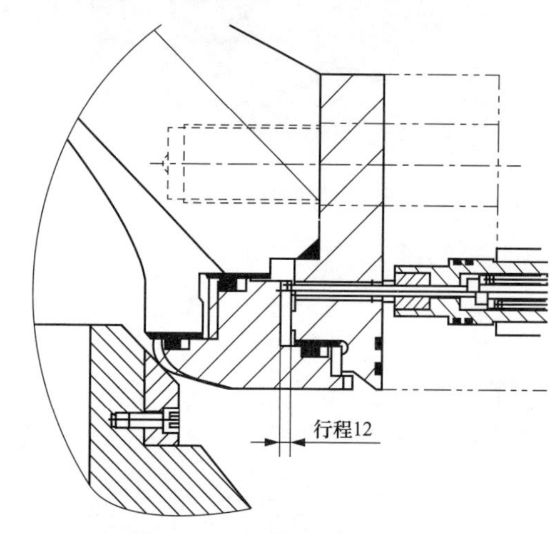

图 5-7　工作密封典型结构图

5.2.3.5　伸缩节

与进水阀下游侧法兰连接的可拆卸式伸缩节，与进水阀有相同的内径，下游侧法兰和蜗壳进口延伸段法兰连接，伸缩节应采用钢板焊接结构。伸缩节应有足够的强度和刚度。蜗壳进人门设置在蜗壳进口明管段或设置在伸缩节上。伸缩节典型结构如图 5-8 所示。

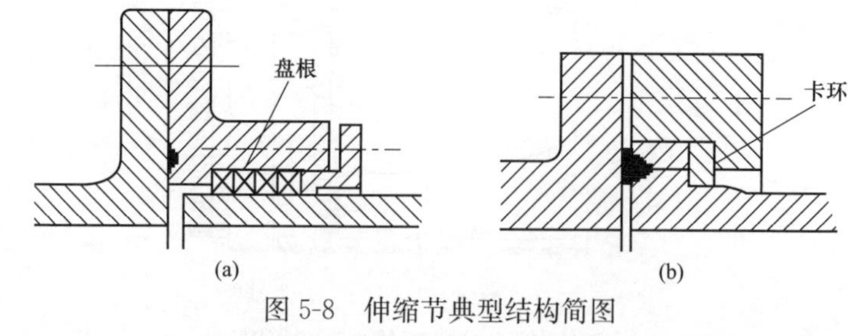

图 5-8　伸缩节典型结构简图

（a）适用于中、低水头电站；（b）适用于高水头电站

5.2.3.6　延伸段

进水阀上游与压力钢管连接处的一段钢管为延伸段，延伸段下游侧内径与进水阀相同，延伸段上游侧内径与压力钢管相同，采用钢板焊接结构，应能承受和传递作用在进水阀上的最大水推力给压力钢管和土建结构。延伸段厚度应与压力钢管相匹配，进水阀厂家应对压力钢管焊接坡口形式提出要求，以便现场与压力钢管焊接。

延伸段上测压孔应镶以不锈钢制造的测头，并考虑材料强度和异种钢材焊接防裂问题。

5.2.3.7　旁通阀和旁通管路

原则上不设置旁通阀，具体项目在执行过程中若需要设置旁通阀，需进行相关论证。

设置旁通阀及旁通管路时，旁通管路一般公称直径不小于进水阀公称直径的10%。旁通管路上应设有两个阀门：工作旁通阀和检修旁通阀均为带自关闭功能的液压操作针型阀。如旁通管路跨过压力钢管伸缩节，则其上也应设置伸缩节。旁通管应设置可靠的固定支架固定在阀体上。

5.2.3.8　操作机构

（1）抽水蓄能电站的进水阀一般采用液压操作。液压操作系统根据其使用的介质划分，可分为油压操作和水压操作两种。由于水压操作受水压、水质等的制约因素较多，通常采用油压操作，压力等级为6.3MPa。我国早期建设以及部分中小型水电站仍有采用2.5、4.0MPa的压力等级，近期投运的部分电站也有采用16MPa蓄能罐式液压操作系统。对于大、中型抽水蓄能电站的进水阀，推荐采用压力等级为6.3MPa的油压操作系统。

（2）操作机构应有足够的容量，能在最小允许操作油压下和最不利的操作条件下，在全行程范围内平稳地可靠操作。操作机构所有部件均应能承受全部操作力。

（3）接力器缸宜采用优质合金钢制造、双向运动活塞操作。接力器活塞杆宜采用不锈钢材料制造。接力器缸、活塞环滑动表面应是抗磨损和抗腐蚀的。应采取可靠措施，防止沿接力器活塞杆漏油。接力器应设置可调缓冲装置，使进球水阀在全行程的终点有较低的运动速度，以防止撞击。每个接力器的两端应配置监测压力用的接头。

（4）刚性供排油管通过高压软管与接力器的进出油口相连接，接头处不得有漏油或渗油现象。运行期间，液压操作管路系统不得有漏油或渗油现象。

（5）操作机构设置自动操作的液压锁锭装置和手动操作的机械锁定装置以及锁定位置信号装置，信号传至进水阀现场控制屏。液动锁定装置能在进水阀全关后自动锁定；维修时，可以通过机械锁定装置手动锁定进水阀在全开、全关位置。两只接力器均须装有机械锁定装置，能承受误操作时接力器的作用力。

（6）应有一个机械位置指示装置用来指示接力器行程和进水阀活门相对位置。此外，应设置进水阀开度传感器，能在进水阀控制柜中显示，并能输送至监控系统。

（7）液压油系统管架应采用防冲击的重型支架。

5.2.3.9　油压装置

1. 系统

每台水泵水轮机进水阀设置一套独立的油气压力油罐和操作供排油系统，如图5-9所示。液压油系统设备及管路的设计压力不低于最大系统运行压力的1.15倍，对于压力等级为6.3MPa的油压操作系统，管路系统的设计压力不低于10.0MPa。机械液压系统中应有合适的油过滤装置，油过滤器前后应设有差压变送器，当差压过大时应发送报警信号。液压部件的设计应有防震、防卡及防止油黏滞的措施，以保证机械液压部件能正常地工作。

2. 油泵组

每套操作供、排油系统应有两台相同的油泵及电动机，一主一备。每台油泵每分钟的供油量不应小于进水阀接力器总容量。油泵的扬程能够满足进水阀油压操作系统的要求。若电动机功率超过30kW，应采用软启动。每台油泵应配有卸荷阀、安全阀、截止阀、止回阀和用于自动启停油泵的压力开关。

3. 压力油罐

压力油罐应是钢板焊接结构，其设计压力应不小于最大工作压力的1.1倍。

压力油罐的容量应满足在供油泵不启动的条件下进水阀接力器在正常下限工作油压下全行程（接力器全行程定义为：接力器保证进水阀开度0到100%所需的行程）动作3次后，油压仍应高于事故油压；在事故油压下，应保证进水阀能可靠地进行各种运行条件下的关闭操作。

进水阀油压装置出口应设置手/自动油压力切断装置。

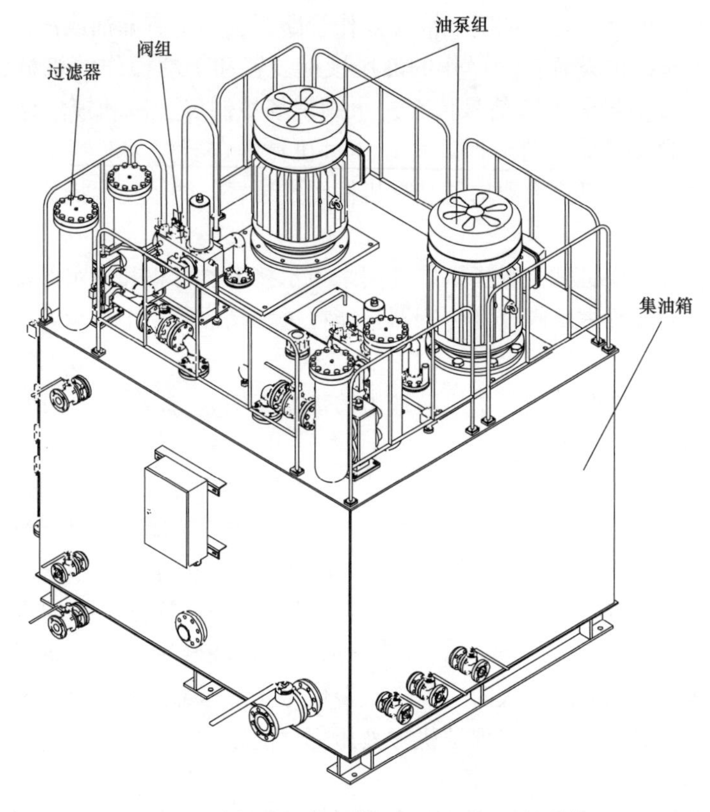

图 5-9 球阀油压装置典型图（不含压力油罐）

压力油罐的安全阀排气口方向应合理，避免朝向过道或其他设备。

压力油罐油位计应采用钢质磁翻板液位计或由其他不易老化破裂的原材料生产的液位计，禁止采用塑料浮球、有机玻璃管型磁珠液位计；作用于停机的信号应整定可靠，防止误动。

4. 集油箱

集油箱应为钢板焊接结构。回油箱的容积应能容纳系统全部油量的 1.1 倍。

集油箱应设有嵌入式油位指示器、油位信号器、油混水信号器、呼吸器、冷却器（如有，带冷却水示流器）、油温指示和变送器、加油口接头和阀门、排油口接头和阀门、化验取样接口和阀门，以及循环滤油用的接头和阀门。

5. 漏油箱

漏油箱用来容纳接力器、操作机构的漏油，并打回到回油箱（应可自动和手动控制）。油泵应由油位计控制以保持漏油箱油位在允许范围内。油位过高时应启动备用油泵，并发出告警信号。低油位停泵应采用双接点控制方式。

漏油箱应布置在可能的最低位置。漏油箱内应配有易于清洗的滤网。

进水阀的漏油箱可以与调速器共用。

6. 管路

系统所有管路应采用不锈钢无缝钢管及管件，管中最大流速不大于 5m/s。管路制作尽量采用工厂化制作。

5.2.3.10 进水阀自动化元件配置

进水阀应设置一套完整的以可编程控制器（PLC）为主设备的控制系统，应采用满足与电站计算机监控系统通信要求的 PLC，该系统可允许转换开关来选择自动控制或手动控制及远方和就地控制。该系统作为机组自动控制的一部分，实现对进水阀及其附属设备的控制。控制系统应包括所有完成操作程序所需要的控制装置、变送器、继电器、指示仪表、阀和行程开关、管道和电缆及附件等。

每台进水阀的仪表设备基本配置见表 5-1，各自动化元器件应采用国际知名品牌的优质产品，其中模拟量输出为 4～20mA。仪表应设有防尘、防潮、防磁场干扰的外罩，压力表应有阻尼措施。在高压力和压力变化较大的地方，所装设的压力表前应加装缓冲装置和排气装置。

表 5-1　　每台进水阀主要自动化元件配置（不限于此）

序号	名称	单位	数量	输出量	用途/备注
1	限位开关	只	2	开关量	进水球阀全开和全关位置
2	限位开关	只	1	开关量	球阀中间位置
3	限位开关	只	2	开关量	锁锭投入和拔出位置
4	限位开关	只	2	开关量	旁通阀的全开和全关位置信号（如有）
5	限位开关	只	4	开关量	工作密封移动密封环投入与退出位置
6	限位开关	只	4	开关量	检修密封移动密封环投入与退出位置
7	压差开关	只	1	开关量＋现地显示	液压系统压力信号、过滤器堵塞报警
8	位移传感器	只	1	模拟量＋现地显示	监视球阀位移

续表

序号	名称	单位	数量	输出量	用途/备注
9	压力变送器	只	2	模拟量＋现地显示	监视检修密封投入腔和退出腔压力
10	压力变送器	只	2	模拟量＋现地显示	监视工作密封投入腔和退出腔压力
11	压力开关	只	2	开关量＋现地显示	监视检修密封投入腔和退出腔压力
12	压力开关	只	2	开关量＋现地显示	监视工作密封投入腔和退出腔压力
13	压力变送器	只	1	模拟量＋现地显示	监视球阀上游侧压力
14	压力变送器	只	1	模拟量＋现地显示	监视球阀下游侧压力
15	压力开关	只	1	开关量＋现地显示	监视球阀上游侧压力
16	压力开关	只	1	开关量＋现地显示	监视球阀下游侧压力
17	差压开关	只	1	开关量＋现地显示	监视阀体两侧水压差压开关
18	电磁配压阀	只	1		操作液压锁锭电磁配压阀
19	电磁配压阀	只	1		操作旁通阀开启关闭电磁配压阀
20	电磁配压阀	只	1		操作工作密封电磁配压阀
21	液动换向阀	只	1		球阀开启关闭控制主油路液动换向阀
22	电磁配压阀	只	1		主油路液动换向阀控制阀

5.2.3.11　电缆

球阀、伸缩节、旁通管等设备本体上的电缆应配置专用槽盒，布置须美观、整齐。

压力油罐、回油箱、漏油箱附属仪器、仪表的电缆应配置专用槽盒，布置须美观、整齐。

5.2.3.12　其他要求

进水阀的总体设计、关键部件的刚强度计算、疲劳分析等应形成专题报告，在进水阀加工生产前提交采购方审查，主要包括进水阀阀体、活门、枢轴、枢轴轴承、上游延伸段、伸缩节、旁通管、旁通阀、滑动金属密封件、接力器、活门耳板及与上述部件连接的各类法兰和螺栓在最大可能受力作用下的刚强度计算书，以及阀体、活门、旁通阀、密封等主要部件的疲劳强度分析计算书，密封件寿命分析等。活门枢轴的强度计算应在活门单独受力及活门与阀体整体受力两种条件下进行，各种计算中应包括球阀动水关闭及水泵抽水过程活门反向受压等工况。

在通用设备设计过程中，应开展三维数字化设计，并由各设备厂家提供三维模型。

第 6 章　水力机械辅助设备

6.1　技术供水系统

6.1.1　系统设计原则

技术供水系统用户包括机组发电机/发电电动机空气冷却器、轴承冷却器、水轮机/水泵水轮机的轴承冷却器、水冷式变压器冷却器、油压装置集油箱冷却器的冷却水和主轴密封、转轮止漏环密封的润滑水等。全厂公用用水系统用户包括消防用水（包括发电机/发电电动机机组、变压器、厂房等）、SFC 输入/输出变压器冷却器（如需）、SFC 功率柜冷却器（如需）、水冷式主变压器空载冷却器、水冷式空压机冷却器、通风空调的冷却水和深井泵轴承润滑水及生活用水等。

技术供水系统的供水方式一般有水泵供水方式、自流供水及自流减压供水方式、水泵和自流混合供水方式、水泵加中间水池的供水方式、自流加中间水池的供水方式、顶盖取水方式和二次循环冷却水方式。其中，水泵供水分为单元供水、分组供水和集中供水三种供水方式，自流供水及自流减压供水分为单元供水和机组供水方式。

抽水蓄能电站因其水头高，技术供水一般均采用水泵单元供水方式，从每台机组尾水洞取水后，经水泵加压经过机组后最终排至尾水洞，取水口与排水口之间应保持一定的距离，以避免经过机组后的热水回流，形成热短路现象。

对于公共用水用户或者消防用水，如 SFC 冷却器、水冷式空气压缩机冷却器、地下厂房空调冷却器、地下厂房消防、发电电动机消防、主变压器消防、生活用水等采用尾水取水自流集中供水方式。其中，主变压器空载采用水泵加压供水，主变压器、发电电动机的消防用水当下游水位达不到水压要求时，采用水泵加压供水。公共用水系统的取水口分别设在某两台机组的尾水隧洞闸门外，同时设有一根供水总管，并作为技术供水的备用水源。

在通用设备设计过程中，应开展三维数字化设计，并由各设备厂家提供三维模型。

6.1.2 设备选型及系统设备配置

6.1.2.1 设备选型原则

1. 水泵选型原则

水泵的流量按照机组单元供水系统用户所需流量的105%～110%考虑，水泵的扬程按照取水口至排水口之间的水力损失确定。

2. 滤水器的选型原则

滤水器的流量根据其供水用户所需的总水量的105%～110%考虑。滤水器的承受压力按照安装滤水器的位置可能出现的最大压力考虑，过滤精度根据用户需求确定。对于技术供水滤水器和全厂公共滤水器，过滤精度一般按照0.5mm考虑。

6.1.2.2 系统设备配置

技术供水系统配置如下：每台机组配置两台技术供水泵、两台滤水器，均为一主一备；主轴密封供水若需全部采用水泵加压，则每台机组配置两台供水泵，一主一备；每台主变压器设置两台空载供水泵，一主一备。全厂公共供水系统配置两台滤水器。

技术供水系统的管路采用不锈钢管路。

6.1.3 主要设备技术参数和技术要求

6.1.3.1 水泵

(1) 一般要求：

1) 技术供水泵为双吸离心泵，主变压器空载泵和主轴密封供水泵一般为立式离心泵。

2) 水泵设计时应考虑水泵进口承压等级、背压、扬程和水质情况，泵轴必须消除内部应力。

3) 离心水泵主要由泵体、叶轮、机械密封、泵盖、电动机、挡水圈、密封圈、底板等部件构成。

4) 离心泵与电机应可靠连接，在保证外部条件前提下，水泵应有良好的抗空蚀性，在保证期内无空蚀损害。

5) 水泵电动机应符合GB/T 4942.1—2006或IEC 60034-1～IEC 60034-9的要求，采用F级绝缘、B级温升，防护等级不低于IP55，并在停机期间具备措施防潮，以保护电动机。

6) 离心泵需满足GB 19762《清水离心泵能效限定值及节能评价值》的要求。

7) 水泵主要部件材料性能不低于表6-1中所列材料性能。

表6-1 技术供水泵主要部件材料性能要求

部件	材料
叶轮	不锈钢（06Cr19Ni10）或者青铜
泵壳	球墨铸铁或铸钢
泵轴	不锈钢（2Cr13）

(2) 主要技术参数和结构特点，见表6-2。

表6-2 技术供水泵主要技术参数和结构特点

主要技术参数	主要结构形式及特点
流量 扬程 承压 工作点效率	(1) 双吸泵应采用垂直分割式结构。 (2) 双吸泵应采用爪型联轴器。立式泵采用直联结构，配套标准电动机。 (3) 水泵采用双机械密封结构，机械密封设在泵轴上。 (4) 水泵轴承采用专用耐高温性能的润滑脂。 (5) 水泵和电动机底座采用整体式底座。 (6) 水泵上、下泵壳密封盖有方便水泵检修时拆卸泵壳的半开口

6.1.3.2 滤水器

(1) 一般要求：

1) 滤水器应为反冲洗部件转动排污全自动滤水器，在规定的压力范围内，随着进口压力的正常波动，其通过滤水器的流量变化最大不超过额定流量的5%，具有过力矩保护功能。

2) 滤水器应具有定时启动、差压控制启动、手动控制启动三种清污控制方式，可现地切换。定时启动间隔时间可根据工况要求任意设置。

3) 滤水器电动减速机应符合GB/T 4942.1—2006或IEC 60034-1～IEC 60034-9的要求，绝缘等级不低于F级、B级温升，防护等级不低于IP55。在正常工作电压下，电动机应有正常的启动转矩，启动电流不超过其额定电流的6倍。在85%～115%额定电压或+2%额定频率范围内，电动机应能正常连续地工作。当机端端电压是电动机铭牌电压的65%时，电动机应能加速至额定转速。

4) 进出口采用原装进口的压力传感器或差压开关。

5）滤水器最大内水压降不大于 2m 水头。

6）在全部运行工况下，滤芯不允许发生任何变形。

7）滤水器应设置电动排污不锈钢球阀。

8）滤水器控制箱内应设置加热器。

9）滤水器主要部件材料性能不低于表 6-3 中所列材料性能。

表 6-3　　滤水器主要部件材料性能要求

部件	卧式泵材料
滤芯	不锈钢 316L
筒体	Q235B
主轴及转动装置	不锈钢

（2）主要技术参数和结构特点，见表 6-4。

表 6-4　　滤水器主要技术参数和结构特点

主要技术参数	主要结构形式及特点
流量 过滤精度：≥0.5mm 承压	（1）滤水器为多滤芯形式，滤芯采用环向线隙结构。滤芯采用单根钢丝缠绕激光点焊或电阻焊焊接成型。 典型结构滤芯 （2）滤水器控制箱应装配有触摸屏，可实时反映滤水器的运行情况。 （3）滤水器排污管上应设置减振装置，用于滤水器排污时降低管路的压力波动。 （4）滤水器本体上宜设置顶盖检修提升装置

6.1.3.3　阀门

一般要求如下：

（1）技术供水系统阀门包含自动控制阀门、手动阀等。

（2）与输水系统相连的管路第一道阀门应采用不锈钢球阀，其中与压力钢管连接的取水管路在取水水口后应设置两道不锈钢球阀。

（3）技术供水系统水泵出口不设置泵控阀，设置止回阀。

（4）技术供水系统的手动阀门的主要部件阀体、阀芯（阀瓣）、阀座、阀杆均采用不锈钢材质（除阀杆外不锈钢材料牌号：06Cr19Ni10，阀杆：不低于不锈钢 17-4PH 或 A182 F51 性能的材料）。

6.2　排水系统

6.2.1　系统设计原则

排水系统分为检修排水系统和厂房渗漏排水系统。抽水蓄能电站中检修排水系统与渗漏排水系统应分开设置。对于设有自流排水洞的电站，排水系统的水均可通过自流排水洞排至厂外；对于没有自流排水洞的电站，排水系统的水需通过水泵抽排至厂外。

检修排水系统包括机组检修排水系统及引水隧洞（压力钢管）充水系统，有条件时优先考虑设置自流排水洞排水方案。

机组检修排水系统包含下水库正常蓄水位以下的引水钢管中的水、机组进水阀至尾水事故闸门之间的水及进水阀和尾水闸门的漏水等。机组检修排水可以采用直接排水方式和间接排水方式。直接排水方式即将机组检修时的积水通过检修排水泵直接抽排至厂外；间接排水方式将检修积水先排至检修集水井，再用水泵排出。考虑到抽水蓄能厂房为地下厂房，为减小地下厂房的开挖，且从安全角度考虑，机组检修排水系统采用直接排水方式。检修排水泵布置在尾水管层，通过机组尾水管底部排水管经水泵将水排至相关探洞，最后排至厂外。

引水隧洞（压力钢管）充水系统：考虑电站运行后上水库进水口检修时需放空进水口底板以上水库库容，电站内一般需设引水系统充水泵。将引水隧洞内水位充至允许运行的最小扬程后，水泵水轮机以泵工况启动往上水库充水。

厂房渗漏水主要包括水管建筑物的渗水，发电电动机机坑内发电机冷凝水，水泵水轮机机坑渗漏水，厂房及机电设备消防用水，水冷式空气压缩机的冷却水、水泵和管路漏水以及其他一些辅助设备的漏水、排水等，其中发电电动机机坑内发电机冷凝水、水泵水轮机机坑内排水、空气压缩机室内的排水以及主厂房地面的排水需经过含油污水处理装置处理后才可排出。系统设计需考虑防水淹厂房的要求。考虑排水安全性，渗漏集水井设置在尾闸洞，对于没有尾闸洞的电站，集水井可设置在副厂房端部，渗漏排水泵布置在集水井上方，将集水井的水抽排至厂外。

在通用设备设计过程中，应开展三维数字化设计，并由各设备厂家提供三维模型。

6.2.2 设备选型及系统设备配置

6.2.2.1 设备选型原则

（1）机组检修排水系统水泵选型原则：检修排水大泵的流量按照1台机组检修时需排除的积水量和所需排水时间确定。检修排水量由下库正常蓄水位以下的压力钢管、蜗壳、尾水管内的积水量及进水阀和尾水闸门的漏水量组成。排水时间宜取4～6h，对于长尾水隧洞或者长引水钢管的电站，排水时间可适加长至8～12h或者更长。水泵的扬程按照取水口至排水口之间的高程差和水力损失之和确定。

检修排水小泵的流量按照进水阀和尾水闸门的漏水量之和确定，水泵扬程跟取水口至排水口之间的高程差和水力损失之和确定。

（2）引水隧洞（压力钢管）充水系统水泵选择原则：水泵的流量按照引水隧洞（压力钢管）的充水速率要求及引水隧洞（压力钢管）的截面积考虑。水泵的扬程按照水泵水轮机泵工况启动的异常低扬程时所对应压力钢管的高程与下库的水位差并考虑水力损失确定，其中下库的水位需根据各电站的实际情况选取，但水泵的最大扬程应不小于水泵水轮机泵工况启动的异常低扬程时所对应压力钢管的高程与下库死水位的水位差及水力损失之和。

（3）渗漏排水泵选型原则：水泵的流量按照集水井的有效容积、电站的渗漏水量和排水时间确定，排水时间宜取20～30min。水泵扬程按照水泵取水口至排水口的水位差及水力损失确定。设备选型需考虑电站运行初期的集水井水质状况。

6.2.2.2 系统设备配置

（1）机组检修排水系统配置如下：电站配置2台检修排水大泵，不设备用泵，用来排除流道里的积水；另配置2台检修排水小泵，一主一备，用来排除进水阀和尾水闸门的漏水。检修排水泵一般性选用离心泵。

（2）引水隧洞（压力钢管）充水系统配置如下：电站配置2台引水隧洞（压力钢管）充水泵，通过一根总管与各输水单元相连。

（3）厂房渗漏排水系统配置如下：根据排水量确定工作泵的台数，备用泵不宜少于两台，抽水蓄能电站为地下厂房，一般备用泵容量与工作泵容量相同。渗漏排水泵宜选用深井泵、潜水泵或射流泵。根据目前抽水蓄能电站应用情况，一般选用深井泵或潜水泵。在电站水泵投运初期，需清理干净集水井，防止垃圾进入水泵进而导致水泵的损坏。尤其对于需要返厂维修的潜水深井泵，需考虑在运行初期由于垃圾对水泵的损坏导致电站水泵不能投入运行的情况。方便集水井清淤，需设置1台潜水排污泵。

（4）管路的配置原则。排水系统的管路采用不锈钢管路。

6.2.3 主要设备技术参数和技术要求

6.2.3.1 长轴深井泵

（1）一般要求：

1）水泵设计时应考虑水泵进口承压等级、背压、扬程和水质情况，泵轴必须消除内部应力。

2）长轴深井泵由泵座部件、深井泵专用电机、电机轴、联轴器、扬水管和水泵叶轮、吸水喇叭口等部件组成。

3）水泵的扬水管应采用直缝焊接。

4）水泵泵体与电机应可靠连接，在保证外部条件前提下，水泵应有良好的抗空蚀性，在保证期内无空蚀损害。

5）长轴深井泵采用深井泵专用电动机。电动机应符合GB/T 4942.1—2006或IEC 60034-1～IEC 60034-9的要求，采用F级绝缘、B级温升；防护等级不低于IP55，并在停机期间采取措施防潮，以保护电动机。

6）水泵主要部件材料性能不低于表6-5中所列材料性能。

表6-5　长轴深井泵主要部件材料性能要求

部件	卧式泵材料
叶轮、扬水管	不锈钢（06Cr19Ni10）或青铜
泵壳	球墨铸铁或铸钢
泵轴	不锈钢（2Cr13）

（2）主要技术参数和结构特点，见表 6-6。

表 6-6　　　　长轴深井泵主要技术参数和结构特点

主要技术参数	主要结构形式及特点
流量 扬程 承压 工作点效率	（1）传动轴、叶轮轴应采用火焰校直工艺，通过热胀冷缩的原理，以消除拉制圆钢过程中产生的拉制应力。 （2）水泵不需加润滑水就可直接启动，其轴承采用内部自排水润滑方式。 （3）填料密封需采用油浸石墨材料。 （4）水泵叶轮采用锥套固定，锥孔与锥套开口前的有效接触面积应不少于配合面积的 80%。 （5）在水泵工作部件的下壳轴承处应采用迷宫式防砂环设计，延长轴承使用寿命 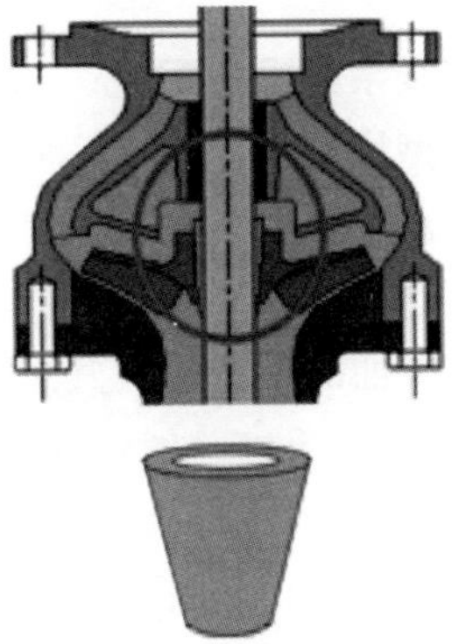 锥套固定结构 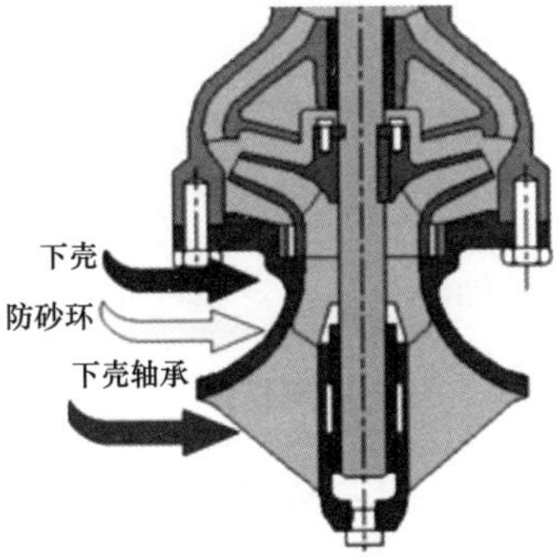 下壳 防砂环 下壳轴承 防砂环结构

6.2.3.2　潜水深井泵

（1）一般要求：

1）水泵设计时应考虑水泵进口承压等级、背压、扬程和水质情况，泵轴必须消除内部应力。

2）泵组由电机、出口泵座、叶轮、扬水管、工作部件、止回阀、吸水口、导流罩及其他附件等组成。

3）水泵出口与扬水管进口间应设有可靠的不锈钢止回阀，止回阀设计压力应满足各工况的要求。停泵时止回阀关闭，防止水锤损坏水泵；止回阀阀体为流线型设计，在关闭时尽量把水力损失降至最小。

4）潜水深井泵的设计（电动机、泵座密封等）应满足各工况下的压力要求，并设置满足足够强度的密封底板和密封垫，电缆引出处应设置密封装置，并保证安全。

5）潜水深井泵应设有水流由电机底部流向水泵进口的导流装置，使电动机散热良好。潜水深井泵应设置足够强度的底座抵抗水流冲击。保证水泵在运行时不发生倾倒。水泵吸水口应保证水流平畅，并能阻止大颗粒固体杂物吸入。

6）电动机采用潜水深井泵专用电机，冷却方式采用电机外壳水冷＋电动机内部填充液冷却。当电动机功率≤100kW 时，电动机的绝缘等级应为 F 级及以上；当电动机功率＞100kW 时，电动机的绝缘等级应为 Y 级及以上。电动机的防护等级应符合 IEC 标准 IP68 级。电动机的工作寿命应大于 100000h。

7）潜水电缆长度应满足从水泵电机至水泵基础的连接要求。潜水电缆的设计，应使电动机在使用过程中即使电缆外护套意外损坏，水也不会进入电动机接线腔。井下电缆由专用电缆绑扎带固定。

8）水泵宜采用立式安装。

9）水泵主要部件材料性能不低于表 6-7 中所列材料性能。

表 6-7　　　　潜水深井泵主要部件材料性能要求

部件	材料
叶轮	不锈钢（06Cr19Ni10）或青铜＋环氧涂层
电动机壳	不锈钢（06Cr19Ni10）＋局部铸铁
泵壳	球墨铸铁内附耐磨镀层
泵轴、电动机轴	不锈钢（2Cr13）
扬水管、导流罩、滤网、锥套	不锈钢（06Cr19Ni10）

（2）主要技术参数和结构特点，见表6-8。

表6-8　　潜水深井泵主要技术参数和结构特点

主要技术参数	主要结构形式及特点
流量 扬程 承压 工作点效率	（1）电动机和泵之间的密封为弹簧式防砂型机械轴封。 （2）潜水排水泵叶轮采用全扬程无堵塞设计，为流道式叶轮，叶轮为整体铸造，叶轮与轴之间采用内部防松锁定装置，叶轮能方便地从底部抽出。 （3）水泵密封环固定在泵壳和叶轮上，能有效在保证叶轮与泵壳之间的密封，并能方便地更换。 （4）潜水排水泵应能在全浸没、部分淹没条件下连续泵送最高温度为30℃的介质，每小时允许启动10次而不会引起任何损坏

6.2.3.3　上水库充水泵和检修排水泵

（1）上水库充水泵为卧式多级离心泵，检修排水为卧式离心泵。

（2）上水库充水泵和检修排水泵的技术要求和技术参数参照6.1.3.1水泵中相关条款执行。

6.2.3.4　阀门

阀门一般要求如下：

（1）排水系统阀门包含自动控制阀门、手动阀等。

（2）与输水系统相连的管路第一道阀门应采用不锈钢球阀。

（3）机组检修排水阀采用电动阀或液压阀。

（4）检修排水泵和渗漏排水泵出口应设置水泵控制阀。

（5）排水系统的手动阀门的主要部件阀体、阀芯（阀瓣）、阀座采用不锈钢材质。

6.3　油系统

6.3.1　系统设计原则

抽水蓄能电站油系统主要分透平油系统和绝缘油系统，其主要任务为：接受新油、储备净油、给设备供排油、向运行设备添油、油的维护和取样化验、油净化处理。透平油系统主要用户为：调速器油压装置、球阀油压装置、水导轴承、发电电动机上导、下导和推力轴承；绝缘油系统主要用户为主变压器及油浸式SFC变压器。

油系统包括油罐室和油处理室，根据土建开挖条件，透平油系统可在厂内设置中间油罐室及油处理室，在厂房外设计标准透平油罐室及油处理室。绝缘油罐室及油处理室一般布置在厂房外。

抽水蓄能电站一般离城镇或社会供油点较近且交通便利，故透平油系统仅设置中间油罐室及油处理室，绝缘油系统不设置专门的绝缘油罐及绝缘油罐室，但考虑到变压器注油，设置真空滤油机和抽真空泵。

抽水蓄能电站透平油一般采用L-TSA46汽轮机油（A级）GB 11120，绝缘油需考虑当地气温和绝缘油的凝固点选用。

在通用设备设计过程中，应开展三维数字化设计，并由各设备厂家提供三维模型。

6.3.2　设备选型及系统设备配置

6.3.2.1　设备选型原则

1. 透平油系统设备选型原则

（1）油罐选型原则：

1）用于储备净油的净油罐，其总容积应按最大一台机组用油量（包括油压装置）的110%确定。

2）用于接受新油、检修时设备排油或油净化处理的运行油罐，其总容积应按最大一台机组用油量（包括油压装置）的110%确定。

（2）压力滤油机的选型原则：

1）考虑压力滤油机从接受新油后到一次过滤无法满足电站透平油净度要求，故滤油机生产率按4h内能过滤最大一台机组的用油量来确定，计入压力滤油机更换滤纸的时间，压力滤油机生产率应减小30%计算。

2）压力滤油机也可用滤芯式滤油小车替代，且不设滤纸烘箱。

（3）透平油滤油机的选型原则：考虑透平油滤油机从接受新油后到一次过滤无法满足电站透平油净度要求，透平油滤油机生产率按4～6h内能过滤最大一台机组的用油量来确定。

（4）透平油泵的选型原则：透平油泵的容量宜保证4～6h内充满一台机组的用油设备，油泵应考虑其扬程及吸程。

2. 绝缘油系统选型原则

（1）真空滤油机选型原则：考虑真空滤油机从接受新油后到一次过滤无法

满足电站绝缘油净度要求，真空滤油设备生产率按 24h 内能过滤最大一台机组的用油量来确定，一般宜在 100～150L/min 范围内，变压器在注油时滤油机的流量不宜大于 100L/min。

(2) 抽真空机组的选型原则：为了变压器注油时抽真空的需要，抽气速率 3000～5000m^3/h，工作真空不大于 133Pa。

6.3.2.2　系统设备配置

(1) 透平油系统设备配置：

1) 油罐：用于储备净油的净油罐宜设置 1 个，当油罐容积较大不易布置时，可设置两个或两个以上净油罐，其总容积不变。用于接受新油、检修时设备排油或油净化处理的运行油罐宜设置 2 个，当油罐容积较大不易布置时，可设置 2 个以上净油罐，其总容积不变。中间油罐不宜少于 2 个。

2) 压力滤油机及烘箱：当电站装机台数在 4 台以上时，压力滤油机不宜少于 2 台，并应配滤纸烘箱 1 台。如电站采用滤芯式滤油小车替代压力滤油机，则可不配滤纸和烘箱。

3) 透平油滤油机：电站应设置透平油滤油机 1 台。

4) 油泵：油泵数量不宜少于 2 台，一般净油泵和污油泵各 1 台。

(2) 绝缘油系统设备配置：全厂一般设置 1 台真空滤油设备和 1 台抽真空机组。

(3) 管路的配置原则：油系统管路采用不锈钢管路。

6.3.3　主要设备技术参数和技术要求

6.3.3.1　透平油滤油机

(1) 一般要求：

1) 透平油滤油机选用真空滤油机。

2) 透平油滤油机应为封闭移动式结构。

3) 透平油滤油机采用热物理脱水法脱水，通过真空泵进行抽气，利用过滤器可有效去除油液中的杂质。

4) 透平油滤油机组件包含真空泵、真空腔、液压发讯器、电磁阀、排空泵、空滤、真空压力调节阀、过滤器等。

5) 滤油机上配有显示滤芯污染度的压差报警发讯器。

(2) 主要技术参数和结构特点，见表 6-9。

表 6-9　透平油滤油机主要技术参数和结构形式及特点

主要技术参数	主要结构形式及特点
流量：≥100L/min； 过滤精度：≤5μm； 透平油过滤后残余水分：≤50×10^{-6}	(1) 透平油滤油机真空罐内的工作真空范围－0.6～－0.9mbar。 (2) 过滤装置采用防静电多层玻璃纤维滤芯，滤芯采用打褶结构，滤材采用渐变径设计，滤网孔外疏内密。 打褶结构滤芯 (3) 过滤精度为 5μm 的滤芯过滤比 β≥1000。 (4) 吸油口设置可清洗的、精度为 300μm 不锈钢金属网

6.3.3.2　绝缘油滤油机

(1) 一般要求：

1) 绝缘油滤油机选用真空滤油机。

2) 绝缘油滤油机应配有轮子，方便移动。

3) 对于含气量不大于 10%，含水量不大于 50×10^{-6}（质量分数）、击穿电压不小于 30kV 的环烷基新变压器油，经绝缘油滤油机一次净化通过后，含气量体积分数不大于 0.3%、含水量质量分数不大于 5×10^{-6}、击穿电压不小于 70kV。

4) 新油经滤油机过滤后，100mL 油中大于 5μm 的颗粒数≤1000 个。

5) 绝缘油滤油机主要由油泵、过滤系统、加热系统、真空脱气系统及管路附件、电气监控系统组成。绝缘油滤油机典型原理见图 6-1。

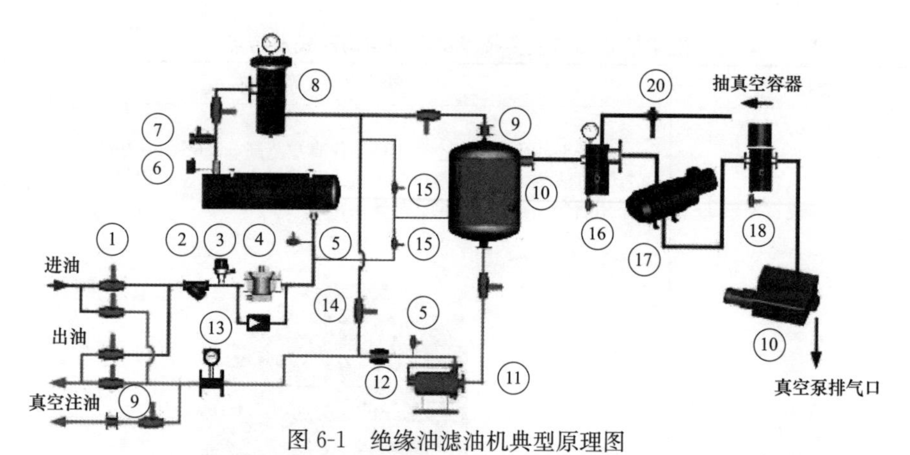

图 6-1　绝缘油滤油机典型原理图

1—进出油阀及油流转换装置；2—粗过滤器；3—油流开关；4—齿轮泵；5—取样阀；
6—安全温控器；7—安全阀；8—过滤器；9—单向阀；10—脱气罐；11—屏蔽泵；
12—单向阀；13—流量计；14—热油循环阀；15—排空阀；16—分离器；
17—罗茨泵；18—冷凝器；19—真空泵；20—蝶阀/球阀

（2）主要技术参数和结构特点，见表 6-10。

表 6-10　　绝缘油滤油机主要技术参数和结构特点

主要技术参数	主要结构形式及特点
流量：≥100L/min； 过滤精度：≤1μm； 绝缘油过滤后残余水分：≤5×10⁻⁶； 击穿电压：≥70kV； 含气量：≤0.3%	（1）滤芯采用惰性无机纤维材质，采用渐变孔径逐层纳污设计，充分利用滤材容量，过滤精度为 5μm 的滤芯过滤比 β≥1000。 （2）加热器采用热辐射式间接加热。油经过加热器时不得产生死油区，油的热表面负荷不得大于 1.3W/cm²。加热器应设置多挡加热。 加热器内油流走向 （3）滤油机的真空系统需设置消除泡沫装置，避免油进入罗茨泵。 （4）滤油机出口排油泵采用屏蔽泵，避免产生乙炔，滤油机出口流量在 100～150L/min 范围内可调

6.3.3.3　抽真空机组

抽真空机组主要技术要求见表 6-11。

表 6-11　　抽真空机组主要技术要求

主要技术参数	主要结构形式及特点
抽气速率 3000～5000m³/h； 极限真空度≤3Pa	（1）抽真空机组为移动式，主要由真空泵、罗茨泵、电控箱、底盘、阀门管道组成。 （2）抽真空机组的冷却方式为风冷。 （3）抽气机组需配置油气分离器。 （4）电控箱上可数字显示真空度

6.3.3.4　油罐

（1）一般要求：

1）每只油罐应安装有呼吸器接口、磁翻柱油位计、排油阀接口、进油接口、出油接口、接口法兰、进人孔、吊耳和支座、爬梯等。

2）油罐内部不允许有裂纹、未焊满的接头或暗孔。所有表面应处理光滑并消除焊瘤、刮痕等，表面进行抛光处理。

3）油罐制作后要做 100%焊缝煤油渗漏试验，持续 4h，无渗漏。

（2）主要技术参数和结构特点，见表 6-12。

表 6-12　　油罐主要技术参数和结构特点

主要技术参数	主要结构形式及特点
容积	（1）油罐为碳钢（Q235）圆柱形油罐。 （2）油罐结构应能承受地震所引起的附加应力。 （3）油呼吸器具有油罐溢油排出口，油呼吸器内有空气过滤干燥装置。 （4）油位指示器应能准确指示油罐中的油位

6.3.3.5　阀门

油系统的阀门可采用球阀或者截止阀，阀门的主要部件阀体、阀芯（阀瓣）、阀座采用不锈钢材质。

6.4　压缩空气系统

6.4.1　系统设计原则

压缩空气系统分两部分，一为中压压气系统，工作压力为 8.0、1.6MPa；一为低压压气系统，工作压力为 0.8MPa。两个系统分开设置。

在通用设备设计过程中，应开展三维数字化设计，并由各设备厂家提供三维模型。

6.4.1.1　中压压缩空气系统

1. 8.0MPa 中压气系统

8.0MPa 中压气系统包括水泵水轮机水泵工况启动压水及调相压水用气和油压装置补气（调速器油压装置、球阀油压装置）。

水泵工况启动压水及机组调相用气选用组合供气方式，考虑到供气可靠性，采用不带连通阀的组合供气方式。为便于空气压缩机的运行控制，且有利于系统的安全性，水泵工况启动压水用气及机组调相系统宜设置 1 只平衡储气罐。

油压装置补气采用集中供气方式，为了提高空气干燥度，采用二级压力供气方式，供气压力为 6.3MPa，气源从 8.0MPa 中压气系统平衡储气罐减压供给。考虑供气可靠性，在油压装置储气罐前后设一路旁路，以便储气罐检修时油压装置补气系统能正常运行。

2. 1.6MPa 中压气系统

1.6MPa 中压气系统包括水泵水轮机主轴密封检修用气和取水口清污吹扫用气。抽水蓄能电站机组安装高程低，低压供气压力不能满足检修密封供气要求，因此单独设置了储气罐。1.6MPa 中压气系统不单独设置压气机，均采用集中供气方式，气源从 8.0MPa 中压气系统平衡储气罐减压供给。根据电站不同情况也可单独设置空压机供气。

6.4.1.2　低压压缩空气系统

低压压气系统包括机组制动用气和厂内吹扫以及维护检修工业用气，工作压力为 0.8MPa。

机组制动用气主要用于电站机组停机时的制动用气。维护检修工业用气主要用于风动工具用气。低压压气系统均采用集中供气方式，单独设置低压空气压缩机，制动用气和维护检修工业用气各单独设置储气罐，为保证制动用气的可靠性，维护检修工业用气储气罐作为制动储气罐的备用罐。

6.4.2　设备选型及系统设备配置

6.4.2.1　设备选型原则

（1）中压空气压缩机选型原则：中压空气压缩机排气量按照电站全部水泵水轮机完成 1 次压水操作后，在 2h 内使储气罐压力恢复到正常工作压力下限值所需的容量，包括 2 台机组旋转备用 15min 的漏气量和 2 台机组调相补气量，同时考虑 1 台机组调速器和进水阀油压装置补气的用气量。对于低水头且机组台数大于 4 台机的抽水蓄能电站，空气压缩机的排气量选择可根据电站实际情况选取。对于高海拔地区压气机的排气量要按照海拔高度进行修正。

（2）中压储气罐选型原则：调相压水储气罐容积按照每台机的压水气罐压力从工作压力下限开始至允许最低压力之间，能够完成不少于 2 次压低水面操作设计。平衡储气罐宜按照 1 只压水气罐容积的 0.5 倍。油压装置补气储气罐的容积按照同时机组需要补气机组台数的接力器和进水阀压力油罐内液面上升 150～250mm 时所需要的运行补气量确定。检修密封储气罐和清污吹扫储气罐的容积可以参考类似抽水蓄能电站的经验设置。

（3）低压压气机选型原则：检修供气和制动供气可采用集中供气系统或分别设独立供气系统；如采用集中供气方式，压气机的排气量按照电站全部机组同时制动后压气机在 10～15min 内恢复储气罐至工作压力或电站同时投入使用的风动工具耗气量的大值选取。当电站水泵水轮机-发电电动机组台数小于 4 台时，一般考虑 2～3 个最大气量的风洞工具同时使用；当电站水泵水轮机-发电电动机组台数为 4 台及以上时，一般考虑 4 个最大气量的风洞工具同时使用。

（4）低压储气罐选型原则：制动储气罐容积在压气机不启动情况下，电站全部机组同时制动，罐内的压力保持在最低制动气压以上。维护检修工业用气储气罐的容积按照稳压要求选择，可参考类似工程经验选取。

6.4.2.2　系统设备配置

（1）中压压气系统设备配置：中压压气系统（含 8.0MPa 和 1.6MPa 系统）空气压缩机集中设置，空气压缩机的台数选择按照电站用气量需求和布置空间综合考虑，应设置 1 台备用压气机。8.0MPa 中压压气系统配置 1 只平衡储气罐（储气罐工作压力 8.0MPa），油压装置补气设置 1 只平衡储气罐（储气罐工作压力 8.0MPa），水泵水轮机调相和水泵工况启动压气系统每台机组配置压水气罐（储气罐工作压力 8.0MPa）。1.6MPa 中压压气系统主轴密封检修和清污吹扫用气各配置 1 只储气罐（储气罐工作压力 1.6MPa）。

（2）低压压气系统设备配置：制动用气和维护检修工业用气所用低压空气压缩机集中设置，一般电站设置 2 台空气压缩机，1 台工作、1 台备用，考虑到维护检修工业用气方便需要，宜设置 1 台移动式压气机。制动用气和维护检修工业用气各单独设置 1 只储气罐（储气罐工作压力 0.8MPa）。

（3）管路的配置原则：气系统管路采用不锈钢管路。

6.4.3 主要设备技术参数和技术要求

6.4.3.1 中压压气机

（1）一般要求：

1）中压压气机为活塞式压气机。

2）中压压气机压缩每立方米空气所消耗的润滑油为 0mg。中压压气机出口空气中不含油，能直接向空气中排放。中压压气机出口气体含尘颗粒度控制在 5μm 以下。

3）中压压气机每一级都应设气水分离器、安全阀和压力显示等。

4）中压压气机冷却水系统中应设置温度开关和流量开关，当水温过高时，压气机停机并发报警信号。

5）压气机的排气侧应设置气水分离器。

6）压气机本体上所配置的管路材质应不得低于不锈钢 06Cr19Ni10。

7）压气机应设置消声设施和消除基础振动的设施，排气管出口和冷却水进出水管配有软管。

8）空气压缩机应满足 GB 19153《容积式空气压缩机能效限定值及节能评价值》的要求。

（2）主要技术参数和结构特点，见表 6-13。

表 6-13 中压压气机主要技术参数和结构特点

主要技术参数	主要结构形式及特点
排气量：约 $10m^3/min$； 排气压力：8.5MPa； 冷却器设计压力：1.6MPa； 冷却水压力：≤0.7MPa； 冷却水流量：约 $15m^3/h$； 离压气机 1m 处最大噪声≤85dB(A)	（1）中压压气机采用机电一体化设计，三级活塞式无油压气机。 （2）压气机冷却方式为水冷。 （3）中压压气机气缸采用无油润滑，活塞环采用新型的四氟乙烯（自润滑）材料，气缸和曲轴箱之间有一道封油填料装置和一道封气填料装置，两道填料之间设有刮油装置

6.4.3.2 低压压气机

（1）一般要求：

1）低压压气机应是螺杆式风冷压气机。

2）低压压气机压缩每立方米空气所消耗的润滑油不大于 30mg。低压压气机排气含油量控制在 3×10^{-6} 以下，低压压气机出口气体含尘颗粒度控制在 5μm 以下。

3）压气机的排气侧应设置气水分离器（带成对法兰、手/自动排污阀）。

4）压气机出口应装设止回阀。

5）空气压缩机应满足 GB 19153《容积式空气压缩机能效限定值及节能评价值》的要求。

（2）主要技术参数和结构特点，见表 6-14。

表 6-14 低压压气机主要技术参数和结构特点

主要技术参数	主要结构形式及特点
排气量： 约 $3.5m^3/min$（电站装机 4 台）； 约 $4.3m^3/min$（电站装机 6 台）； 排气压力：0.85MPa； 离压气机 1m 处最大噪声：≤70dB(A)	（1）低压压气机为机电一体化设计的箱式结构压气机。 （2）采用进口的空气端，空气端集成旋装式油过滤器、温控阀。 （3）进气口采用鼓风式进气设计，且配有容量调节阀。 （4）密封采用三层唇形密封轴封，两道油封加 1 道挡尘封，密封设计可靠且易更换。 （5）采用全进口纳米空滤技术，空滤精度达 5×10^{-6}。 （6）压缩机内连接管路采用刨光不锈钢硬管，并配 victolic 柔性接头

6.4.3.3 移动式压气机

（1）移动式压气机为活塞式空气压缩机，排气量约为 $1.2m^3/min$，排气压力 0.85MPa。

（2）压气机冷却方式为风冷。

（3）控制柜与压气机为一体式。

（4）移动式压气机应配有轮子，方便移动。

（5）移动式压气机应配置 DN25 橡胶软管 10m，两端配阴性活接头一付。

6.4.3.4 储气罐

（1）一般要求：

1）每只储气罐应安装有空气安全阀接口、测压接口、排污阀接口、进气接口、排气接口、吊耳和支座及联结件等，仪表接管和排污接管需做可靠支撑固定。

2）罐焊缝表面不得有裂纹、气孔、弧坑和飞溅物。

3）每只储气罐应安装有安全阀，安全阀采用全不锈钢材质，不锈钢材料

06Cr19Ni10。

（2）主要技术参数和结构特点，见表6-15。

表6-15　　储气罐主要技术参数和结构特点

主要技术参数	主要结构形式及特点
（1）平衡储气罐：8.0MPa。 （2）调相压水储气罐：8.0MPa。 （3）油压装置储气罐：8.0MPa，容积建议5m³。 （4）清污吹扫储气罐：1.6MPa，容积建议2m³。 （5）主轴检修密封储气罐：1.6MPa，容积建议2m³。 （6）制动用气储气罐：0.8MPa。 （7）工业用气储气罐：0.8MPa	（1）储气罐应为钢板焊接结构，可采用圆柱形储气罐或圆球形储气罐。 （2）储气罐进人孔采用内开式。 （3）调相压水储气罐和平衡储气罐及其外部接口和进人孔采用材料性能不低于09MnNiDR性能，其他储气罐及其主要附件采用材料性能不低于Q345R性能

6.4.3.5　阀门

（1）气系统阀门包含自动控制阀门、手动阀等。

（2）气系统手动阀门采用截止阀或球阀，阀门的主要部件阀体、阀芯（阀瓣）、阀座采用不锈钢材质。

6.5　水力监视测量系统

6.5.1　系统配置和功能要求

水力监视测量系统包括全厂性监视测量系统和机组段监视测量系统。

6.5.1.1　机组段监视测量系统

机组的监视测量系统设备随主机设备供货，各电站根据机组段监视测量需要在水泵水轮机及其附属设备标中有详细规定。本节主要对机组段压力脉动测点的布置位置进行规定。

在蜗壳，转轮与导叶之间、顶盖与转轮上冠之间、下环和底环间及尾水管设置压力脉动传感器，传感器应布置在能测量最大压力脉动幅值的位置。模型与原型测点位置要对应。测点不得少于以下规定，包括：

（1）P_1：尾水管锥管进口下游侧（距转轮低压侧0.4倍D_2处）。

（2）P_2：尾水管锥管进口上游侧（距转轮低压侧0.4倍D_2处）。

（3）P_3：蜗壳进口段。

（4）P_4：尾水管肘管段和相应于真机尾水管进人孔的位置两个点。

（5）P_5：转轮叶片与导叶之间的无叶区2个测点，分别布置在机组$+X$方向和$+Y$方向。测点的具体布置位置为在水轮机工况额定导叶开度时，导叶出水边内切圆直径与转轮上冠外径之间的1/2处。

（6）P_6：顶盖与转轮上冠之间、底环与转轮之间各1点（除止漏环前后压力测点外），布置在机组$+X$方向。测点具体布置在距机组中心线$0.95R_1$处（R_1为转轮高压侧标称直径D_1的1/2）。

（7）P_7：固定导叶和活动导叶之间（机组$+X$方向或$-X$方向，根据机组旋转方向确定）。

6.5.1.2　全厂性监视测量系统

全厂性监视测量系统包括上/下水库水位、上/下水库高水位报警、上/下水库水温、闸门和拦污栅前后压力测量、调压井水位、集水井水位、地下厂房水位异常升高等项目。全厂性监视测量系统主要配置如下：

（1）上水库水位：全厂上水库水位计配置应不少于2套，水位计以模拟量送入水位测量柜，水位测量柜通过与电站计算机监控系统进行通信将上水库水位的数字量接入电站计算机监控系统。水位计量程根据上水库水位变化范围确定，精度为0.1%满量程。

（2）上水库水温：全厂上水库水温测量装置配置应不少于1套，水温以模拟量送入水位测量柜，水位测量柜通过与电站计算机监控系统进行通信将上水库水温的数字量接入电站计算机监控系统。温度传感器量程根据电站上水库水温变化范围确定，水温测量精度≤1℃。

（3）上水库高水位报警：全厂上水库高水位报警水位计配置应不少于2套，每套报警水位计输出2个开关量至电站计算机监控系统，报警水位根据上水库水位运行确定。

（4）上水库进出水口拦污栅前后差压：每个流道设置1套测拦污栅后水位计，以模拟量送入水位测量柜，与上库水位形成差压，监视拦污栅前后差压。水位测量柜通过与电站计算机监控系统进行通信将上水库拦污栅前后差压的数字量接入电站计算机监控系统。差压信号整定应分故障信号和停机信号，整定范围一般设为报警信号2m，停机信号4m。水位计量程根据上库进出水口拦污栅后水位变化范围确定，精度为0.1%满量程。

（5）上水库进出水口闸门前后差压：每个流道闸门后设置1套水位计，以模拟量送入水位测量柜，与拦污栅后水位形成差压，监视闸门前后差压。水位测量柜输出平压信号无源接点至上水库进出水口闸门启闭机电气柜，并通过与电站计算机监控系统进行通信将上水库进出水口闸门差压的数字量接入电站计算机监控系统。水位计量程根据上水库进出水口闸门后水位变化范围确定，精度为0.1%满量程。

(6) 下水库水位。全厂下水库水位计配置应不少于2套，水位计以模拟量送入水位测量柜，水位测量柜通过与电站计算机监控系统进行通信将下水库水位的数字量接入电站计算机监控系统。水位计量程根据下库水位变化范围确定，精度为0.1%满量程。

(7) 下水库水温。全厂下水库水温测量装置配置应不少于1套，水温以模拟量送入水位测量柜，水位测量柜通过与电站计算机监控系统进行通信将下水库水温的数字量接入电站计算机监控系统。温度传感器量程根据电站下水库水温变化范围确定，水温测量精度≤1℃。

(8) 下水库高水位报警。全厂下水库高水位报警水位计配置应不少于2套，每套报警水位计输出2个开关量至电站计算机监控系统，报警水位根据下水库水位运行确定。

(9) 电站毛水头。上、下水库水位计在电站计算机监控系统中差压形成电站毛水头。

(10) 下水库进出水口拦污栅后前后差压。每个流道设置1套测拦污栅后水位计，以模拟量送入水位测量柜，与下水库水位形成差压，监视拦污栅前后差压。水位测量柜通过与电站计算机监控系统进行通信，将下水库拦污栅前后差压的数字量接入电站计算机监控系统。差压信号整定应分故障信号和停机信号，整定范围一般设为报警信号2m、停机信号4m。水位计量程根据下水库进出水口拦污栅后水位变化范围确定，精度为0.1%满量程。

(11) 下水库进出水口闸门前后差压。每个流道闸门后设置1套水位计，以模拟量送入水位测量柜，与拦污栅后水位形成差压，监视闸门前后差压。水位测量柜输出平压信号无源接点至下水库进出水口闸门启闭机电气柜，并通过与电站计算机监控系统进行通信，将下水库进出水口闸门差压的数字量接入电站计算机监控系统。水位计量程根据下库进出水口闸门后水位变化范围确定，精度为0.1%满量程。

(12) 调压井水位测量。每个调压井应设置1套水位计，以模拟量送入电站计算机监控系统。水位计量程根据调压井水位变化确定，精度为0.1%满量程。

(13) 尾水事故闸门前后差压。在每台位数事故闸门前后各设置1套压力传感器，以模拟量送入尾水施工闸门电气控制柜。尾水事故闸门电气控制柜输出平压信号，并通过与电站计算机监控系统进行通信，将尾水事故闸门差压的数字量接入电站计算机监控系统。

(14) 渗漏集水井水位测量。在厂房渗漏集水井设置1套水位计，以模拟量送入渗漏排水控制系统。水位计量程根据渗漏集水井水位变化确定，精度为0.1%满量程。

在厂房集水井设置1套报警水位计，水位计至少输出5个开关量至渗漏排水控制系统，用于渗漏排水泵的控制。报警水位根据集水井内的水位范围确定。

(15) 厂房异常水位升高监测水位计。在厂房最底层设置3套报警水位计，水位计至少输出2个开关量至电站计算机监控系统，用于监测厂房内异常水位升高。报警水位分别距离地面0.3m和0.7m。

6.5.2 主要设备技术参数和技术要求

(1) 水位计为投入式传感器，另需设置浮球式水位开关。

(2) 水位计内置涌浪保护装置。

(3) 水位计和接线盒直接采用PUR防水电缆（带通气管），电缆带防潮过滤器。

(4) 测头采用不锈钢材料。

(5) 水位测量控制器至少应提供两个数字通信接口，一个作为编程调试接口，另一个采用RS485串口及MODBUS RTU协议与电站计算机监控系统进行通信。

(6) 电子设备的电源、输入和输出回路应采用有效的接地、屏蔽、隔离、数字滤波等硬软件措施，提高抗干扰能力。

(7) 配置的水位传感器接线盒防护等级为IP65，浮子式水位计接线盒防护等级为IP68，水位传感器和水位测量柜侧均需配置过压和防雷保护器。

(8) 在通用设备设计过程中，应开展三维数字化设计，并由各设备厂家提供三维模型。